温室番茄水氮耦合效应与生长发育模型研究

石小虎　著

中国海洋大学出版社

·青岛·

图书在版编目（CIP）数据

温室番茄水氮耦合效应与生长发育模型研究/石小
虎著. —青岛：中国海洋大学出版社，2018.5
ISBN 978-7-5670-1898-3

Ⅰ.①温… Ⅱ.①石… Ⅲ.①番茄—温室栽培—土壤
氮素—肥水管理—研究 Ⅳ.①S626.5

中国版本图书馆 CIP 数据核字（2018）第 180836 号

出版发行	中国海洋大学出版社
社　　址	青岛市香港东路 23 号　　　　**邮政编码**　266071
出 版 人	杨立敏
网　　址	http://www.ouc-press.com
电子邮箱	1922305382@qq.com
订购电话	0532-82032573（传真）
责任编辑	孙玉苗
电　　话	0532-85902533
印　　制	北京虎彩文化传播有限公司
版　　次	2018 年 5 月第 1 版
印　　次	2018 年 5 月第 1 次印刷
成品尺寸	170 mm×230 mm
印　　张	8.875
字　　数	150 千
印　　数	1～1 000
定　　价	38.00 元

内容简介

　　水分和氮素是影响番茄生长的主要因素。为了探讨不同灌水处理下 SIMD-ualKc 双作物系数模型和临界氮稀释曲线模型的适用性和不同水氮处理下干物质生产及分配模型以及番茄抗氧化性机理，以番茄为材料，于 2013—2015 年在陕西省杨凌区温室内进行了不同生育期亏水处理和水氮耦合试验。在不同生育期亏水处理试验中，共设置全生育期充分灌水、仅发育期（苗期）亏水 50%、发育期及中期（苗期和开花期）连续亏水 50%和全部亏水 50%4 种灌水处理；水氮耦合试验中，水分处理设置两种，分别为全生育期充分灌水处理和全生育期亏水 50%处理；氮素设置 3 个水平，施氮量分别为 0 kg/hm²、150 kg/hm² 和 300 kg/hm²。利用 2013—2014 年数据率定和建立 SIMDualKc 模型、干物质生产分配模型和临界氮系数曲线模型，运用 2014—2015 年温室试验数据验证以上模型的准确性。得出以下主要结论：

　　(1) 运用 SIMDualKc 模型模拟得到初期（缓苗期）基础作物系数 $K_{cb\ ini}=0.34$，发育期（苗期）基础作物系数 $K_{cb\ dev}=0.34\sim1.16$，中期（开花期）基础作物系数 $K_{cb\ mid}=1.16$，后期（成熟期）基础作物系数 $K_{cb\ end}=0.63$。该模型模拟出不同水分处理的番茄蒸发蒸腾量与计算值有较好的一致性，可以准确模拟番茄蒸发蒸腾量。

　　(2) 运用番茄蒸发蒸腾量、累积辐热积、经验公式和经验系数(a_p 和 b_p)得到干物质生产及分配模型，通过该模型得到的不同水氮处理下番茄茎、叶、果实和根系干物质的预测值和实测值拟合度较高，可以对不同水氮处理温室番茄各器官的干物质生产及分配进行预测。番茄干物质总量受辐热积和水分、氮素影响较大，而干物质在地上部、根系及地上部各器官的分配指数只随累积辐热积变化，不随灌水量和施氮量发生显著性变化。

（3）番茄临界氮浓度与采样日地上部最大生物量之间符合幂指数关系（非充分灌水：$N_c = 3.26DW^{-0.35}$；充分灌水：$N_c = 3.44DW^{-0.29}$）；曲线参数与番茄全生育地上部潜在干物质量具有较好的相关性，因此可以根据番茄全生育期地上部潜在干物质量来估算不同水分处理下番茄临界氮浓度稀释曲线。

（4）将不同水氮处理不同叶位 SPAD 值与叶片氮含量、NNI 进行拟合得知，中位叶片 SPAD 值与叶片氮浓度和 NNI 之间的相关系数高于上位和下位叶片 SPAD 值与叶片氮浓度和 NNI 之间的相关系数，中位叶片对氮素较为敏感，可以作为监测氮素是否过量的理想叶片。

（5）减少施氮量和灌水量时，植株叶片和根系 POD、SOD 和 MDA 含量增加，而番茄各生育期根系活力、根系长度和表面积降低。各生育期番茄叶片 POD、SOD、MDA 和 Pro 含量，根系 POD、SOD、MDA 和 RC 含量随蒸发蒸腾量和吸氮量的减少而增加。开花期番茄叶片 POD、SOD 和 Pro 含量，根系 POD、SOD、MDA 和 RC 含量对水分和氮素的敏感性最大。

（6）基于临界氮浓度构建的氮素吸收和氮营养指数对番茄氮素营养状况诊断以及施氮量与产量的研究结果表明，非充分灌水处理时施氮量以 150 kg/hm² 最优，充分灌水处理时施氮量以 300 kg/hm² 最优，西北地区温室番茄种植不同水分管理下的适宜施氮量范围为 150～300 kg/hm²。

目　录

C 第1章

绪 论

1.1 研究背景

　　蔬菜是人们日常生活不可或缺的食品。随着生活水平的不断提高,人们对"四季蔬菜"的需求日益增强。设施农业的兴起大大减少了外界环境对农业生产的制约。在日照充足的西北地区设施农业得到了较快发展。温室内部温度和辐射作为影响作物生长的主要因素(Guojing L. et al.,2004;Turc and Lecoeur, 1997;袁洪波等,2015;Marcelis et al.,1998;王纪章等,2013)。在西北地区设施蔬菜生产中,主要通过调节温室内温度来增产,而太阳辐射作为主要热源,直接影响着温室内温度的变化。温室地面全部覆盖地膜,土壤水分蒸发量大幅度减少;加之土壤水分供应充足,加速了叶片的蒸腾作用;这使得叶片温度一般比空气温度要低 3 ℃~6 ℃。因此,准确地调控温度和辐射量对温室蔬菜生产起着重要的作用。本书针对目前杨凌地区温室生产的实际情况,通过田间试验分析番茄的生长状况,确定量化温室番茄的生长发育规律,为该地区温室蔬菜生产提供理论依据。

1.2 国内外研究进展

1.2.1 水肥对温室蔬菜生长发育的影响

水分和肥料是影响作物生长的主要因素,不同作物对水分和肥料的需求不尽相同。众多研究表明,在一定范围内,作物的株高、叶片数、茎粗、叶面积等指标均随着土壤或栽培基质的含水率呈显著正相关关系(夏秀波,2007;石小虎,2013)。土壤中的氮素浓度主要影响作物的叶面积、根、茎干物质量以及根/茎干重比率,适当增加施氮量可以提高硝酸还原酶(NR)和谷氨酰胺合成酶(GS)的活性,促进作物叶片光合作用(张福墁,1995),加快蔬菜体内氮代谢与糖代谢(Magalhaes,1983)。徐坤等(2001)研究也表明,随着施氮量的增加,生姜群体扩展加快,施氮量过多还会导致作物地上部分徒长,地下部分根系发育迟缓。刘明池等(1996)研究表明增加施氮量黄瓜叶片数、单叶面积等指标以及叶片净光合速率、叶绿素含量等表现出先增加后降低的变化趋势。因此适宜的水肥比例可以促进作物根系发育,提高根系生长量与根系吸收能力,进而有利于作物对水分与养分的吸收和运输(李俊良,2008)。

1.2.2 水肥对温室蔬菜品质的影响

蔬菜品质是由蔬菜产品外观和众多内在因素构成的综合性状。水分和肥料是影响蔬菜品质的外在因素(Borosia et al.,2000;石小虎,2013)。在蔬菜生长过程中,可以通过调节灌水量和施肥量来改善作物的品质(Zhao et al.,2012;Zheng et al.,2013)。有研究发现,与无灌溉处理相比,适量灌溉椰菜硝酸盐含量降低,可溶性食用纤维含量增加(Krystyna 和 Irena,1999),而灌溉处理的番茄果实干物质和可溶性固形物含量高,品质更好,且灌溉量越大,干物质含量越小(Paseual et al.,2000)。而植物体含水量较少时,其体内的纤维较发达,组织开始硬化,苦味产生,从而影响品质;含水量过多时,糖、盐的相对浓度就会降低(Kuisma,2002)。对番茄品质的研究表明(Chen et al.,2013;Patane et al.,2011.),番茄植株进行适当的水分亏缺可减少水分消耗并可以提高番茄可溶性固形物、有机酸和维生素C含量,增加果实硬度。贺会强等(2012)研究也发现,增加施肥量,可以降低番茄可溶性糖和可溶性固形物含量,增加番茄红素和有机酸含量。同时增加施氮量也显著增加番茄果实中硝酸盐含量(石小虎,2013),而灌水量增加时,番茄硝酸盐含量呈先增加后降低的变化趋势(牛晓丽等,2013)。

1.2.3 温室作物耗水量的测定及估算方法

1.2.3.1 温室作物耗水量的测定

目前普遍用于测定温室作物耗水量的方法有水文学方法和微气象学方法。

(1) 水文学方法。水文学方法主要有水量平衡法和蒸渗仪法。水量平衡法是测定植物耗水量的最基本方法,主要通过试验区内水量的收入和支出的差额来计算植物的耗水量。该方法适用于非均匀下垫面条件和各种天气条件,且考虑了水量平衡不同分量间的相互关系,计算误差较小。因此只要能精确测定水量平衡各分量和试验区边界内外水分交换量,就可以较为准确地得到植物耗水量。温室是一个密闭的环境,阻隔了降雨,灌溉是温室作物水分收入的主要来源。因此只要合理控制灌溉,即可以利用测定一段时间内土壤含水量变化的水量平衡法来准确测定温室作物耗水量。土壤含水量可通过取土法、中子仪法、电容法和时域反射仪法等测定。蒸渗仪主要有非称重式恒定地下水位型、非称重式渗漏型和称重式3种。其中称重式蒸渗仪在温室中应用较广泛,可通过测定箱内土体重量的变化来计算作物耗水量,自动记录数据。

(2) 微气象学法。微气象学方法主要有涡度相关法和波文比能量平衡法。涡度相关法基于涡度相关理论,通过直接测定大气边界层的水汽、温度和风速的脉动获得水热通量。该方法理论假设少,物理学基础坚实且测量精度高,无须引入扩散系数和交换系数等参数。波文比能量平衡法估算作物耗水量的理论基础是地面能量平衡方程与近地层梯度扩散理论。该方法具有明确的物理概念、简单的计算方法和成熟的理论,并且对大气层的要求和限制较小,其最大优点是可以分析耗水量对太阳辐射、温湿度、风速和水汽压差等环境因子的响应关系,并能反映出不同条件下耗水特点。

1.2.3.2 温室作物耗水量估算方法

目前估算作物耗水量的主要方法有以能量为基础的 Priestley-Taylor 模型 (Priestley and Taylor,1972)、稠密冠层条件下的 Penman-Monteith 单源模型 (Allen et al.,1989)和稀疏冠层条件下的 Shuttleworth-Wallace 双源模型 (Shuttleworth and Wallance,1985)等。而模拟土壤蒸发量和作物蒸腾量的模

型中,以 Shuttleworth-Wallac 双源模型和双作物系数(FAO-56)模型为主,其中 Shuttleworth-Wallac 双源模型求解过程需要的参数较多,给实际应用带来不便,而 FAO-56 基于水量平衡原理的双作物系数法将作物系数(K_c)分成基础作物系数(K_{cb})和土壤蒸发系数(K_e),将作物蒸发蒸腾量分成棵间蒸发量(E)和作物蒸腾量(T)(Allen et al.,1998)。国内外学者利用双作物系数法对棵间蒸发和作物蒸腾进行了大量的研究(Liu et al.,1998;Ding et al.,2013.Flumignan et al.,2011;赵丽雯与吉喜斌,2010;Zhao and Ji,2010)。Rosa 等(2012)在双作物系数理论基础上开发了 SIMDualKc 模型,可以较为准确地模拟土壤蒸发量和作物蒸腾量。一些学者(Paço et al.,2012;Zheng et al.,2015)运用 SIMDualKc 模型在不同地区对不同作物和植被进行作物蒸发蒸腾量的模拟,均取得了较为理想的结果。赵娜娜等(2011,2012)采用 SIMDualKc 模型准确模拟了冬小麦和夏玉米的蒸发蒸腾量,并将棵间蒸发量和作物蒸腾量区分开来,取得了较好的模拟结果。在温室条件下,邱让建等(2014,2015)运用 SIMDualKc 模型模拟温室内覆膜条件下西红柿和辣椒蒸发蒸腾量,蒸发蒸腾量模拟值和实测值有较高的一致性。

1.2.4　温室番茄生长发育模型

设施农业可以充分利用设施环境的可控性,依照预先设计的方案实现对产量、采收时间、植物发育形态、品质和果实大小等方面的目标控制,而作物模型可以有效实现这个目标(孙忠富和陈人杰,2002)。

1.2.4.1　国外番茄生长发育模拟模型的研究现状

目前对于作物模型研究中,研究对象主要集中在玉米、水稻、小麦等粮食作物,而对于设施作物如花卉、蔬菜等的研究相对较少。在作物模型的研究中,设施作物模型的研究仅占 5% 左右(Gary and Heuvelink,1998)。随着经济的发展,人们对设施作物的需求逐步增加,国内外开始把作物生长发育模型应用于设施作物研究中,并取得了重要的发展。

设施作物生长发育模型主要有以色列等国合作开发的 HORTISIM (Horti-cultural Simulator),以及以色列、美国等共同研制开发的温室番茄生长发育模拟模型 TOMGRO 等。HORTISIM 本质上是一个综合的通用模拟模型系统,通过一系列的研究和技术集成,以建立通用模拟工具为导向,实现对番茄、黄瓜、甜椒等多种园艺作物生产发育过程的模拟。HORTISMI 模型注重通用化、模块化的研究设计,为模型的标准化提供了技术支持,但在面向用户的设计中未实现友好、实用的交互界面,从而限制了模拟系统的应用发展。TOMGRO 模型主要通过对番茄的生长发育与太阳辐射、温度、CO_2 等环境因子间的作用关系进行研究,对番茄的生长发育过程进行科学管理和产量预测。TOMGRO 开发时间长,研究内容得到不断完善,特别是干物质积累分配、植株物候期等方面研究较为成熟,并结合图形示踪法应用于番茄产量的评估预测,以生产优化曲线为依据对生产过程中的控制管理进行指导,但该模型中变量和参数复杂,且在植株水分、营养、根系以及空间组成等方面研究较少(Dayan et al.,1993;Irmak and Jones,2000)。

在 20 世纪 90 年代初,Marcelis(1991,1992,1993)对温室黄瓜进行了动态模拟,同时在借鉴大田作物研究成果的基础上研究建立了 TOMSIM 番茄生长发育动态模型。TOMSIM 属于机理型模型,主要对作物冠层内的光合作用速率进行了重点研究,而对干物质积累分配的模拟主要借鉴 SUCROS87 模型。TOMSIM 模型还对植株各器官(如茎节、叶、果、根等)的维持生长和发育呼吸消耗的生理机制进行了详细的模拟分析(Marcelis et al.,1998)。

1.2.4.2 国内番茄生长发育模拟模型的研究现状

近几年我国大量引进国外现代化温室设施,并研究开发了适合我国现状的现代温室设施和设备,促进了我国设施农业的现代化,为开展设施作物模型的研究提供了良好的仪器设备和实验条件。

到目前为止,我国在利用模型来模拟番茄的生长和预测产量上的研究并不多。周晓峰等(1997)建立了温室番茄管理系统的模拟模型,其中番茄生长发育模型通过太阳辐射能及其影响因子的变化,利用回归分析模拟了番茄的净光合产物,又根据干物质的分配比例,分配给根、茎、叶和蕾花、果各器官。陈人杰(2002)在总结国外番茄模型的基础上,结合我国设施农业的现状,建立了以番茄光合作用为核心,以干物质分配和植株形态发育为主的温室番茄生长发育模型,并对模型进行了验证。齐维强(2004)通过拟合积温和番茄干物质量之间的关系,回归分析后得到了温度对番茄各个生育期及各器官发育的影响。

1.2.5 氮素营养诊断

目前用于作物氮素诊断的方法主要包括植株形态诊断法、叶色诊断法、硝酸盐诊断法、天冬酰胺和氨基酸诊断法、全氮诊断法、氮营养指数诊断法和 SPAD 仪诊断法。

植株形态诊断法是根据丰富的作物种植经验总结出来的,主要用于作物的氮营养判断。根据植株生长状况分析观察,缺肥时,其植株矮小,叶片直立,遮阴的下层叶片有红斑或黄化的现象(刘芷宇,1990)。氮肥过量会出现植株生长茂盛,节间拉长,叶片面积偏大,叶片嫩绿,贪青晚熟等现象。这种诊断方法直观,易判断,但具有严重滞后性,在实际应用中局限性较大。

叶色是作物氮素营养状况的外在表现,用叶色卡(LLC)判定水稻叶色可诊断氮营养状况(李俊华等,2003)。根据叶色差发明了叶色卡,当叶色超出标准叶色级时,则表明氮素过剩;当叶色低于标准叶色级时,则表示氮素营养不足,需要追施肥。

硝酸盐诊断是根据植株组织鲜样中硝态氮含量来反映植株的氮营养状况(郭建华等,2008)。硝酸盐在植物体内不能被代谢。当植物本身缺氮较少时,对硝酸盐氮的需要却明显增加,硝酸盐氮显著减少;当施氮略微多于作物的需要时,硝酸盐氮也比全氮的变化更加显著,植株体内硝态氮更能反映自身对氮素的需要,因此,硝态氮完全可以作为植物氮营养诊断的指标(Woodson and Booeley,1983)。

天冬酰胺和氨基酸诊断法的原理是作物吸收的铵态氮在合成蛋白质之前均以游离氨基酸和酰胺形态存在,当氮肥充足时,作物根系的吸收速率大于合成速率,导致体内氨基酸和酰胺的累积。因此,可以通过检测作物有无天冬酰胺来判断作物是否缺氮(孙玉焕和杨志海,2008)。伍素辉等(1991)研究表明,氮肥的使用量与作物叶片的全氮含量呈正相关关系,当叶片的全氮含量升高时,氨基态氮含量也升高。但植株体内的天冬酰胺的浓度极不稳定,这种诊断方法需要采样后立即进行测定,否则结果可能不准确,因而以天冬酰胺浓度为指示诊断作物氮素营养状况受到了极大的限制。

全氮诊断法是作物氮素含量多少的判断方法之一,是作物氮素诊断最直接、最精确的方法(郭建华等,2008)。以叶片氮浓度作为氮素水平诊断的依据,是相对成熟的方法,此法已经应用于诊断水稻、小麦等作物氮素诊断(姜继萍,2012;杨虎,2014)。

氮素是植株吸收的最重要的养分,且干物质量的积累对氮素最为敏感(Gayler et al.,2002),而大量干物质的累积需要吸收更多的氮素(杨京平等,2003;Watt et al.,2003)。作物营养生长阶段,其植株氮浓度随地上干物质量的增加而呈下降的趋势,这种关系可以用幂函数关系式进行拟合(Ziadi et al.,2008)。为了更精确地反映植株氮素是否适宜,根据临界氮稀释曲线规律,Lemaire(2007)提出氮营养指数(NNI)来描述作物的氮需求情况:

$$NNI = N/N_c \qquad (1-1)$$

其中,N 为作物地上部分干物质量实际含氮量,N_c 为根据氮营养曲线计算的临界氮浓度。NNI 是衡量作物氮水平的指标,NNI=1 时氮营养状况最佳,NNI 大于 1 时表明氮过量,NNI 小于 1 时表明氮含量不足。NNI 为作物氮营养的诊断提供精确的参数,然而由于其测定要大量取样与测试分析,限制了其广泛应用。

SPAD 仪是一种便携式光谱仪,以叶绿素对近红外光和红光的吸收特征为原理来间接诊断植物叶片的叶绿素含量,它的读数与叶片叶绿素含量呈现正相关关系(Markwell et al.,1995),而叶片叶绿素含量与叶片氮含量也有密切的关系,因此可以通过叶片 SPAD 值来预测氮含量(Esfahani et al.,2008)。目前利用 SPAD 仪监测作物叶片的氮含量,根据叶片氮含量的临界值与实际值的差值可以确定是否追施氮肥,进行实时的施氮管理,并取得了较好的效果(Peng et al.,2006;Huang et al.,2008)。

1.2.6 抗氧化性研究

水分和肥料是影响作物形态结构(Shao et al.,2008)和新陈代谢(de Soyza et al.,2004;Shulaev et al.,2008)的主要因素。水分亏缺时植物组织含水量降低(Mayek-Perez et al.,2002),叶水势下降,土壤和叶水势之间的变化梯度增大,有利于植物从土壤中吸收水分,提高植物抗旱的能力(史胜青等,2004)。

叶片是植物进行同化作用与蒸腾作用的主要部位(李贵全等,2006;Reddy et al.,2004),叶片光合作用的强弱直接决定植株干物质含量。当水分不足时,气孔部分或全部关闭,气孔蒸腾散失的水分和进入叶片的 CO_2 均有所减少,光合速率降低(Cregg and Zhang,2001)。气孔关闭在一定程度上可以减轻干旱胁迫对光合器官的伤害(张守仁,1999)。

渗透调节是植物适应胁迫的另一种生理机制(Ludlow and Muchow,1990)。植物通过代谢活动增加细胞内的溶质浓度,降低渗透势,维持膨压,从而使体内各种与膨压有关的生理过程正常进行,从而提高植物抗逆境的能力。其中,参与渗透调节的溶质主要有脯氨酸(Pro)、可溶性糖、甜菜碱等有机溶质和 K^+、Cl^-、Ca^{2+} 等无机离子(Koch 1996;Hayata et al.,1998;Patakas et al.,2002;Iannucci et al.,2002;Bartels and Sunkar,2005)。

植物在逆境(或衰老)下遭受伤害与活性氧积累会诱发膜脂过氧化作用。丙二醛(MDA)作为膜脂过氧化的产物,抑制细胞保护酶的活性,降低抗氧化物的含量(何淼等,2013;张明锦等,2015;芮海英等,2013)。逆境胁迫下植物体内大量累积游离脯氨酸,脯氨酸作为渗透调节中重要的溶质,具有较好的水合作用,可以提高原生质渗透压以防止水分流失,从而降低逆境胁迫对植株的伤害(Ludlow 和 Muchow,1990;朱广龙等,2013;肖姣娣,2015;颜淑云等,2011;Morgan,1984)。植物为了更好地适应逆境生长,通过分泌非酶抗氧化剂和抗氧化酶来保护自身免受活性氧的伤害,其中抗氧化酶包括超氧化物歧化酶(SOD)和过氧化物酶(POD)等;非酶抗氧化剂包括还原型谷胱甘肽(GSH)、抗坏血酸(Vc)和生物碱等。植物体内抗氧化酶和非酶抗氧化剂共同构成植物体的抗氧化系统,共同清理体内过多的活性氧(张文辉等 2004)。

不同植物在不同胁迫方式及胁迫程度下抗氧化主导物质有所不同。众多研究表明增加灌水量和施氮量可以缓解胁迫对植株的影响,消除了过量的活性氧,减少叶片丙二醛和脯氨酸含量(刘小刚等,2014)。适当增加灌水量和肥料可以缓解干旱和盐分胁迫,减轻自由基对细胞的伤害,提高功能叶中抗氧化酶活性,延缓叶片衰老(Pernice et al.,2010)。林兴军(2011)在研究不同水肥对植株抗氧化酶的影响时表明果实品质和叶片中抗氧化酶活性有着显著的正相关关系,植株通过降低果实水分含量,增加可溶性糖和有机酸等指标提高渗透调节能力,从而降低水势,提高抗氧化酶活性,抵御逆境胁迫。

1.3 国内外研究进展及存在的问题

(1)目前国内外对于 SIMDualKc 模型的运用多集中在充分灌水处理下作物耗水量的模拟,对于温室内不同水分处理下的番茄耗水量的研究较少。

(2)目前针对番茄生长发育的某些生理过程及产量所建立的模型大多属于经验性模型,生长发育模型仅考虑了温度、光、气的影响而忽略了土壤营养状况及水分的影响。针对番茄生长发育的生理过程的机理性模拟模型大都为引自外国的现有模型,模型的适应性差,参数确定困难,且运用干物质分配指数模型模拟温室内不同灌水处理下的干物质分配的研究也较少。

(3)目前氮营养诊断方法要么存在精度低(植株形态诊断和叶色诊断),要么存在费时、费力和破坏植株样本(植株或者叶片氮含量诊断和 NNI 诊断)等缺点。而 SPAD 仪诊断方法虽能够省时省力、实时监测,但存在准确度低和稳定性差等缺陷,需要根据实际情况对 SPAD 仪和叶片氮浓度进行拟合,进而根据 SPAD 值估算叶片氮浓度。

1.4 研究目的与内容

本研究以温室番茄为研究对象,采用田间小区试验与室内实验相结合的方法,研究不同水氮处理对番茄蒸发蒸腾量、干物质生产和抗氧化性的影响,通过对番茄整个生育期生长发育的定期监测,研究番茄的生长发育、干物质积累和抗氧化性等生理过程对不同水氮处理的响应机制,揭示温室番茄抗逆性的机理;并通过模型预测不同水氮处理对番茄生长发育、形态及产量的影响,为设施蔬菜精准化生产提供可借鉴的技术与方法。

1.4.1 研究不同灌水处理番茄蒸发蒸腾量的模拟与验证

在膜下沟灌条件下,研究不同灌水处理对番茄蒸发蒸腾量的影响,并运用测量数据对 SIMDualKc 模型参数进行率定,模拟不同灌水处理下番茄蒸发蒸腾量,进而揭示不同灌水处理对番茄蒸腾量和土壤蒸发量的影响。

1.4.2　研究不同水氮处理对番茄干物质的影响

在膜下沟灌条件下,研究不同灌水处理下番茄干物质量的动态变化,并引入辐热积分别与茎、叶、果实和根系分配指数进行拟合,得到不同灌水处理下辐热积与番茄各器官的经验模型,并对该模型进行了验证。运用不同氮素处理得到的试验数据验证以上的经验公式,并对该模型的实用性进一步验证。

1.4.3　研究不同水氮处理氮素诊断

在膜下沟灌条件下,研究不同水氮处理下不同生育期番茄氮素的动态变化,建立了基于不同水分状况的温室番茄临界氮稀释曲线模型、氮素吸收和氮素营养指数模型,旨在为不同灌水条件下番茄氮素合理利用、氮素营养状况的诊断及氮素优化管理提供理论依据。

1.4.4　研究不同水氮处理对番茄抗氧化性的影响

在膜下沟灌条件下,研究不同水氮处理在番茄不同生育期对番茄叶片和根系膜脂过氧化产物、调节渗透压物质和抗氧化酶等的影响,并研究番茄对不同水氮处理的适应机制。

1.5　技术路线

本研究的技术路线如图 1-1 所示。

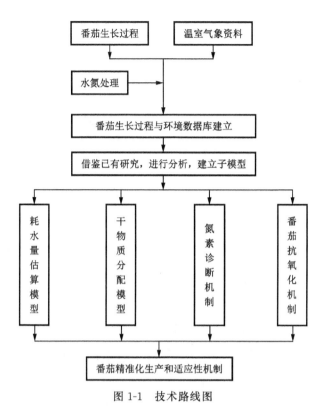

图 1-1　技术路线图

第 2 章
Chapter 2
试验方案和研究内容

2.1 试验区概况

　　试验于 2013—2015 年在陕西省杨凌区大寨乡嘉兴花卉合作社温室内进行（34°18′ N、108°4′ E，海拔 521 m）。试验温室为非加热型自然通风温室，主体为钢架结构，用聚氯乙烯薄膜覆盖，南北走向（长 50 m×宽 6.5 m×高 4.6 m），温室顶部和底部各设 1 m 宽通风口，并配置手动启闭装置，当温室内温度＞35 ℃或＜10 ℃时，通过开启或关闭通风口来调节温室内温度。温室内番茄为南北方向种植。该地温室 0~60 cm 土壤内，黏粒（＜2 μm）的质量分数为 22%，粉粒（2~20 μm）的质量分数为 56%，砂粒（≥20~2 000 μm）的质量分数为 22%，有机质为 3.44%，容重为 1.41 g/cm³，饱和含水率 θ_{sat} 为 0.41 cm³/cm³，田间持水量 θ_{FC} 为 0.34 cm³/cm³，凋萎含水量 θ_{WP} 为 0.14 cm³/cm³。

2.2 试验设计

2.2.1 灌水处理设计

　　番茄生育期按照 FAO-56 方法划分为初期（缓苗期，番茄定植到成活：2013年 8 月 10 日—8 月 31 日、2014 年 8 月 15 日—9 月 8 日）、发育期（苗期，番茄成活到番茄冠层覆盖度达到最大，此时番茄已经大部分开花：2013 年 9 月 1 日—10

月 5 日、2014 年 9 月 9 日—10 月 12 日)、中期(开花期,番茄覆盖度达到最大到番茄开始成熟:2013 年 10 月 6 日—12 月 5 日、2014 年 10 月 13 日—12 月 12 日)和后期(成熟期,番茄开始成熟到番茄全部收获结束:2013 年 12 月 6 日—2014 年 1 月 10 日、2014 年 12 月 13 日—2015 年 1 月 21 日)4 个生育期。本研究设计 4 种灌水处理:以全生育期充分灌水处理(T1)为对照,其他 3 个处理依次将发育期、发育期和中期、发育期至后期的灌水量减少 50%,如表 2-1 所示。设置 T1 灌水上限为田间持水率的 90%(王峰等,2010)。石小虎(2013)研究表明番茄根系在 0~60 cm 土层内分布,故设置计划湿润层深度为 60 cm。根据王峰等(2010)研究,计算出 T1 中各生育期灌水量 I,其他处理只在灌水量上进行减少,灌水时间和次数均与 T1 相同。各处理进行 3 次重复,共 12 个小区,各小区面积为 15.6 m²(6.5 m×2.4 m),完全随机布置,小区之间用埋深 60 cm 的塑料薄膜隔离。

表 2-1　试验设计

处　理	初　期	发育期	中　期	后　期
T1	I	I	I	I
T2	I	50%I	I	I
T3	I	50%I	50%I	I
T4	I	50%I	50%I	50%I

注:I 为充分灌水处理灌水量,mm。

2.2.2　水氮处理设计

本研究设计 2 个因素:水分和氮素。2 个灌水水平:全生育期灌水量减少 50%处理(W_1)和全生育期充分灌水处理(W_2);3 个施氮水平,分别为无氮(N_0:0 kg/hm²)、中氮(N_{150}:150 kg/hm²)和高氮(N_{300}:300 kg/hm²),如表 2-2 所示。根据王峰等(2010)研究,计算出 W_2 中各生育期灌水量 I,W_1 处理只在灌水量上进行减少,灌水时间和次数均与 W_2 相同;根据石小虎(2013)研究将高氮水平(N_{300})定为 300 kg/hm²(以 N 计),其他氮素处理只在施氮量上进行减少。氮肥选用尿素(含氮质量分数 46%),定植之前基施 40%,剩余 60%分别在定植后 70

d、90 d 和 110 d 溶化到水中随水冲肥平均施入。水分和氮素进行完全组合,各试验处理进行 3 次重复,共 18 个小区,各小区面积为 15.6 m²(6.5 m×2.4 m),完全随机布置,小区之间用埋深 60 cm 的塑料薄膜隔离。

表 2-2 试验设计

因　素	W₁			W₂		
	N₀	N₁₅₀	N₃₀₀	N₀	N₁₅₀	N₃₀₀
灌水量	50%I	50%I	50%I	I	I	I
施氮量 (kg/hm²)	0	150	300	0	150	300

注:W₁ 为非充分灌水处理;W₂ 为充分灌水处理。

2.2.3　种植管理

试验用品种为番茄"丽娜",分别于 2013 年 8 月 10 日和 2014 年 8 月 15 日定植,2014 年 1 月 10 日和 2015 年 1 月 21 日收获。种植方式为当地典型的起垄覆膜栽培模式,垄高 20 cm、垄宽 80 cm,番茄幼苗按单穴单株定植在垄的两侧,其宽行距为 80 cm,跨沟窄行距为 40 cm,株距为 40 cm,种植密度为 4.2 株/平方米。定植前在温室内均匀施入等量的磷肥 200 kg/hm²(以磷计)和钾肥 300 kg/hm²(以钾计)。定植时灌定植水 20 mm,保证其成活率。定植后 14 d 内不灌水,以利于蹲苗,待番茄幼苗成活后再进行试验处理。定植当天沿温室南北走向铺设宽 1.2 m,厚 0.005 mm 地膜,番茄开花后用细绳将番茄悬吊在温室上方的铁丝上,并每 3 d 人工授粉 1 次,同时进行喷药等农作管理。全生育期内,每株番茄留 3 穗果后摘心。番茄成熟后每 2 d 进行采摘 1 次,其他农作管理按当地常规进行。

2.3　测试项目与方法

(1) 气象资料。采用位于温室中部距离地面 2 m 高度的自动气象站(Hobo,

Onset Computer Corp. ,USA)测定温室内温度(T_{mean},℃)、相对湿度(RH,%)、总辐射(Q,J/(m²·d))和净辐射(R_n,MJ/(m²·d))等气象数据,数据每 5 s 采集 1 次,每 15 min 记录在数据采集器中。

(2) 参考作物蒸发蒸腾量。参考作物蒸发蒸腾量(ET₀)根据王健(2006)修改的适合温室环境的 Penman-Monteith 公式计算:

$$ET_0 = \frac{0.408 \cdot \Delta \cdot (R_n - G) - \gamma \cdot \dfrac{1\,713(e_a - e_d)}{T_{mean} + 273}}{\Delta + 1.64\gamma} \tag{2-1}$$

式中, ET₀——用修正后公式计算参考作物蒸发蒸腾量,mm/d;

Δ——饱和水汽压与温度关系曲线的斜率,kPa/℃;

R_n——净辐射,MJ/(m²·d);

G——土壤热通量,此值很小,通常忽略不计,MJ/(m²·d);

γ——湿度计常数;

T_{mean}——温室 2 m 处空气平均温度,℃;

e_a——饱和水汽压,kPa;

e_d——温室实测水汽压,kPa。

(3) 土壤含水率及土壤蒸发量。将 Trime 系列土壤水分测量仪(IMKO Corp.,Germany)埋设在距离植株 20 cm 位置处,分别测定各小区宽行、窄行和株间的土壤含水率,灌水前后各测 1 次,从表层到 60 cm 深每隔 15 cm 测量 1 次,计算时取其平均值。采用自制小型蒸发桶测量试验小区不同位置土壤表层 15 cm 土壤蒸发量,取其平均值,灌水前后各测 1 次。

(4) 充分灌水处理灌水量。灌水从定植后 15 d 开始,充分灌水处理灌水上限为田间持水量的 90%,其灌水量 I(mm)为

$$I = 10(0.9\theta_{FC} - \theta_i)Z_r \tag{2-2}$$

式中, θ_i——灌水前的土壤含水量,cm³/cm³;

Z_r——计划湿润层深度,cm,本书取 60 cm(石小虎,2013)。

(5) 各器官干物质量和产量。定苗后每隔 5 d 左右进行破坏性取样,每次均取 3 株。每次取样后记录叶片数,果实数,分别称量地上部茎(含叶柄)、叶、果鲜质量,在 105 ℃下烘 15 min 杀青,72 ℃下烘至恒质量,采用精度 0.01 g 天平分

别称取各部分干质量。在各试验小区选取长势均匀一致的 5 株,在番茄成熟后,每隔 2 d 左右采摘 1 次,各试验小区随机选取 10 株番茄,每次采收后将测产区内的成熟果实收获,称质量并根据种植密度换算成产量。

(6) 植株各器官含氮量测定。将各处理的干物质分器官粉碎后过筛,用 H_2SO_4-H_2O_2 消煮法和凯氏定氮仪(FOSS 2300 型)测定各器官全氮含量,并计算植株全氮含量。各器官氮累积量(kg/hm²)=器官含氮量(%)×器官干物质量(kg/hm²),所有器官氮累积量相加得到地上部植株氮累积量。植株含氮量(%)=植株氮累积量(kg/hm²)/植株干物质量(kg/hm²)。

(7) 番茄生长指标。番茄苗期后,采用米尺每隔 7 d 左右测量 1 次番茄株高。通过照相机对各试验小区番茄冠层进行拍照,利用 Photoshop 软件计算作物冠层覆盖度。

(8) 番茄品质测定。分别于番茄成熟前期、中期、后期采集生理成熟度基本一致的番茄果实,带回实验室测定果实品质。番茄可溶性固形物采用 WAY-2S 型阿贝折射仪测定;番茄红素采用紫外分光光度计法测定;可溶性糖采用蒽酮比色法测定;有机酸采用滴定法测定;Vc 含量采用钼蓝比色法测定(高俊凤,2000)。

(9) 叶片生理指标测定。分别于苗期、开花期和成熟期每隔 5 d 左右取各试验小区 3 株上、中、下 3 个位置的叶片,每个指标重复测定 3 次,于测定当天早晨 9:00～11:00,洗净擦干立即放在液氮中保存,用于测定叶片生理指标。过氧化物酶(POD)采用愈创木酚显色法测定;超氧化物歧化酶(SOD)采用氮蓝四唑光化还原法测定;丙二醛(MDA)含量采用硫代巴比妥酸法(TBA)测定;游离脯氨酸(Pro)含量使用磺基水杨酸提取后采用酸性茚三酮显色法测定(高俊凤,2000)。

(10) 根系形态及生理指标测定。分别于苗期、开花期和成熟期,每处理取样 3 穴。以每穴番茄根为中心挖取长、宽、深分别为 20 cm、20 cm 和 60 cm 的土块,装于 70 目的筛网袋中,将根系冲洗干净。根系形态测定以计算机扫描仪(Epson Expression 1680 Scanner,Seiko Epson Crop,Tokyo,Japan)扫描图像,用根系分析系统(WinRHIZO)进行分析,得到番茄根系根长和根表面积。根系扫描结束后,挑取足量新鲜根系洗净,放入冰盒内带回,−80 ℃冰箱内保存备用。根系活力(RC)采用氯化三苯基四氮唑(TTC)还原法测定(张志良等,2006),超氧化物歧化酶(SOD)活性采用四氮唑蓝(NBT)光化还原法测定(Giannopolitis and Ries,1977),过氧化物酶(POD)活性采用愈创木酚法测定(张宪政,1992),丙二醛(MDA)含量采用硫代巴比妥酸法测定(Heath and PaRer,1968)。

(11) 叶面积指数和叶片 SPAD 值。取整齐一致的 3 株植株,分别对不同节位叶片(由下向上依次为 5、6、7、8、9、10、11、12 节位)SPAD 值采用 SPAD-502 仪测定,将第 5、6 和 7 节位所测数据平均后作为下位叶 SPAD 值,第 8、9 和 10 节位所测数据平均后作为中位叶 SPAD 值,第 11 和 12 节位所测数据平均后作为上位叶 SPAD 值。叶面积指数采用冠层分析仪在各试验小区每行番茄植株下测定。

2.4 数据处理

采用 Microsoft Excel 2007 和 DPS 软件对试验数据进行整理和分析,使用 Origin Pro 8.5 软件作图。为了评价模型的精度,根据文献(Nash and Sutcliffe,1970;Willmott and Matsuura,2005)计算模型模拟值和计算值之间的决定系数(R^2)、绝对误差指标(MAE)和标准误差(RMSE)。

第3章 番茄参考作物蒸发蒸腾量和蒸发蒸腾量的模拟研究

Chapter 3

联合国粮食及农业组织（FAO）推荐 Penman-Monteith 公式（P-M 公式）作为计算参考作物蒸发蒸腾量的唯一标准方法，估值精度较高，无须进行地区校正和使用当地的风函数，同时也不用改变任何参数即可适用于世界各个地区（Allen et al.，1998）。然而计算参考作物蒸发蒸腾量方法均需要较多的气象资料，如气温、风速和有效辐射等，这些资料在实际生产中很难获得，因此有必要寻求简易的方法来精确估算参考作物蒸发蒸腾量。

蒸发皿蒸发量为在气温、风速、辐射等气象因子综合作用下，观测区域自由水面最大可能蒸发量（Allen et al.，1998），在实际生产中容易测得。众多国内外学者（Golubev et al.，2001；Liu et al.，2004；Doorenbos and Pruitt，1977；Snyder，1992）研究了不同环境下的参考作物蒸发蒸腾量和蒸发皿蒸发量估算系数 K_p 的模型，以实现参考作物蒸发蒸腾量与蒸发皿蒸发量的精确换算，其可行性也得到了验证。我国普遍所用的蒸发皿为 20 cm 小型蒸发皿，与国外常用的蒸发皿型号不同，导致已有折算系数及计算方法在我国各地的适用性受到限制，因此需要根据当地的实际情况重新进行调整（樊军等，2006；段春锋等，2012）。

非充分灌溉条件下作物蒸发蒸腾量的估算已成为研究的热点（杨静敬，2009；Kashyap and Panda，2001；强小嫚等，2009）。Martins 等（2013）和 Gonzalez 等（2015）运用 SIMDualKc 模拟不同灌水处理玉米的蒸发蒸腾量，取得了较为理想的结果。然而目前国内外对于运用 SIMDualKc 模型模拟温室内不同灌水处理下的作物蒸发蒸腾量的研究较少。因此,本研究探讨蒸发皿系数模型和 SIMDualKc 模型在西北地区温室环境的适用性,旨在为西北地区温室番茄栽培提供理论依据。

图 3-1 呈现 2013—2015 年番茄全生育期温室内参考作物蒸发蒸腾量(ET$_0$)和净辐射(Rn)(图 3-1a 和 3-1b)、日均气温(T_{mean})和相对湿度(RH)(图 3-1c 和 3-1d)的逐日变化。2013—2015 年期间,在番茄初期(2013 年 8 月 10 日—8 月 31 日、2014 年 8 月 15 日—9 月 8 日),ET$_0$、Rn 和 T_{mean} 均为全生育期最大值,其中 ET$_0$ 为 3.12 ~ 3.14 mm/d,Rn 为 144.1 ~ 149.7 MJ/(m^2 · d),T_{mean} 为 28.3℃ ~ 29.7℃;随着时间季节性的变化,温室内ET$_0$、Rn 和T_{mean}呈逐渐减小的

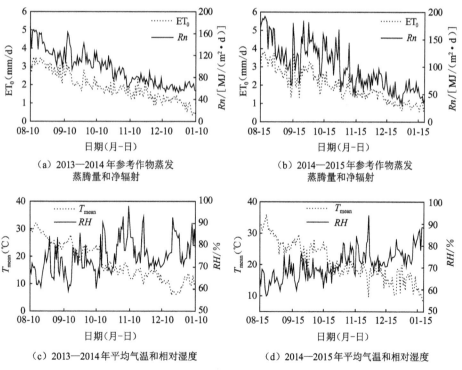

（a）2013—2014 年参考作物蒸发
蒸腾量和净辐射

（b）2014—2015 年参考作物蒸发
蒸腾量和净辐射

（c）2013—2014年平均气温和相对湿度

（d）2014—2015年平均气温和相对湿度

图 3-1　温室内番茄逐日变化

趋势,在后期(2013 年 12 月 6 日—2014 年 1 月 10 日、2014 年 12 月 13 日—2015 年 1 月 21 日),温室内 ET_0 降到 0.94～1.02 mm/d,Rn 降到 54.5～62.0 MJ/ $(m^2 \cdot d)$;T_{mean} 也降到最低,为 9.9 ℃～14.0 ℃。而温室内相对湿度表现出相反的变化规律,在初期时温室内的净辐射和气温较高,并且通风口长期处于开启状态,此时温室内相对湿度为全生育期最低,为 64.2%～69.0%;到番茄后期,随着 Rn 和 T_{mean} 降低,为了提高温室夜间温度,夜间的时候会将温室通风口关闭、使用保温帘遮盖,因此封闭的环境导致 RH 增大,为 77.5%～77.9%。

3.2 不同生育期参考作物蒸发蒸腾量和蒸发皿蒸发量之间的关系

图3-2为2013—2015年沟灌番茄参考作物蒸散量(ET_0)与蒸发皿蒸发量

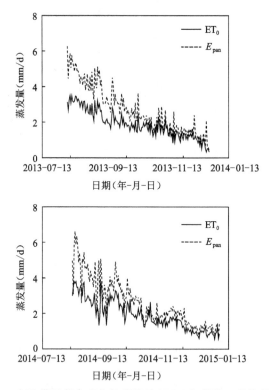

图 3-2 2013—2015 年沟灌番茄参考作物蒸散量(ET_0)与蒸发皿蒸发量(E_{pan})的逐日变化

（E_{pan}）的逐日变化。由图 3-2 看出，ET_0 和 E_{pan} 随时间的变化相似。ET_0 和 E_{pan} 表现为随时间逐渐减小的趋势，在苗期时，ET_0 和 E_{pan} 均为全生育期最大，分别为 3.8 mm/d 和 5.0 mm/d，而成熟期的 ET_0 和 E_{pan} 最小，分别为 0.96 mm/d 和 1.42 mm/d。

为了进一步探究参考作物蒸发蒸腾量和蒸发皿蒸发量之间的关系，将 2013—2015 年温室的参考作物蒸发蒸腾量与蒸发皿蒸发量进行对比。图 3-3 为根据 2013—2015 年实测的逐日的气象资料所计算的 ET_0 与蒸发皿蒸发量 E_{pan} 关系。由图 3-3 可以看出 ET_0 与 E_{pan} 呈显著的正相关关系，其相关系数达到 0.81，表明 ET_0 与 E_{pan} 有显著的线性相关关系。段春峰等（2012）和樊军等 （2006）研究西北地区和黄土高原上大田环境下蒸发皿蒸发量与参考作物蒸发蒸腾量的估算时，其蒸发皿系数的均值分别为 0.45 和 0.52，小于本书的蒸发皿系数 K_p，可能是由于大田环境下空气流动性比较大，日均相对湿度较小，导致大田环境下蒸发皿系数较低。

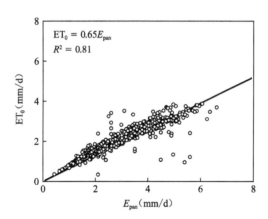

图 3-3　2013—2015 年参考作物蒸发蒸腾量（ET_0）和蒸发皿蒸发量（E_{pan}）对比

3.3　蒸发皿系数 K_p 模型的建立与验证

根据 2013—2015 年实测温室的气象资料，对比参考作物蒸发蒸腾量与蒸发皿蒸发量的关系，利用以下公式计算蒸发皿系数 K_p：

$$K_p = \frac{ET_0}{E_{pan}}$$ (3-1)

式中，K_p——蒸发皿系数；

ET$_0$——运用修正的 Penman-Monteith 方法计算参考作物蒸腾量；

E_{pan}——蒸发皿蒸发量。

由 FAO 推荐的蒸发皿系数 K_p 主要受上风方向缓冲带宽、平均日风速和相对湿度的影响(Doorenbos 和 Pruitt，1977)，其可行性在诸多的研究中均得到了验证(Orang，1998；Ali，2009)，其表达式为：

$$K_p = f(u_2, Ln(RH), Ln(FET))$$ (3-2)

式中，K_p——蒸发皿系数；

u_2——2 m 高度处风速，m/s；

FET——上风方向缓冲带的距离，m；

RH——日均相对湿度，%。

本书以温室为研究环境，将小型蒸发皿放置在温室中央，温室内风速几乎为零，可以忽略风速和上风方向缓冲带的距离对蒸发皿系数的影响，因此 K_p 的计算公式简化为下式：

$$K_p = a + bLn(RH)$$ (3-3)

式中，K_p——蒸发皿系数；

RH——日均相对湿度，%；

a 和 b——经验常数。

基于 2013—2014 年温室番茄种植时期，以实际的 K_p 作为因变量，日均相对湿度为自变量，得到经验常数 a 和 b。采用 2014—2015 年实测的相对湿度和蒸发皿蒸发量估算参考作物蒸发蒸腾量，将公式(3-1)进行推导可得以下公式：

$$ET_{0-pan} = E_{pan} \times K_p$$ (3-4)

式中，K_p——利用 2014—2015 年温室日均相对湿度根据公式(3-3)计算所得的蒸发皿系数；

E_{pan}——2014—2015 年温室蒸发皿蒸发量，mm/d；

ET$_{0-pan}$——通过模拟所得的参考作物蒸发蒸腾量，mm/d。

采用 2013—2014 年的相对湿度数据估算蒸发皿系数(图 3-4a)，经过拟合可得公式：

$$K_p = 0.19 Ln(RH) - 0.069 \tag{3-5}$$

由拟合所得公式 3-5 可以看出 K_p 与 $Ln(RH)$ 有很好的线性相关性，相关系数 R^2 为 0.65（$P < 0.01$）。

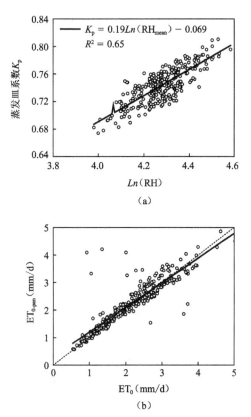

图 3-4　2013—2015 年温室 K_p 模型的估算与验证

利用 2014—2015 年温室相对湿度和蒸发皿蒸发量数据和式（3-5）来估算参考作物蒸发蒸腾量（$ET_{0\text{-pan}}$）并与计算所得的 ET_0 对比，如图 3-4b 所示。表 3-2 为 2013—2015 年根据温室湿度估算的参考作物蒸发蒸腾量（$ET_{0\text{-pan}}$）与实际计算所得的参考作物蒸发蒸腾量（ET_0）对比分析表。由表 3-2 可以看出，$ET_{0\text{-pan}}$ 与 ET_0 之间标准误差（RMSE）为 0.19～0.42 mm/d，绝对误差（MAE）为 0.07～0.22 mm/d，回归系数（R^2）为 0.79～0.96（$P < 0.01$）。因此可以表明通过温室

相对湿度所估算的参考作物蒸发蒸腾量与实际计算所得的作物蒸发蒸腾量有较好的相关性,可以用温室相对湿度来预测蒸发皿系数,进而对参考作物蒸发蒸腾量进行估算。

表 3-2 2013—2015 年蒸发蒸腾量模拟值($ET_{0\text{-}pan}$)和计算值(ET_0)误差分析表

生长季	RMSE(mm/d)	MAE(mm/d)	R^2
2013—2014 年(率定)	0.19	0.07	0.96**
2014—2015 年(验证)	0.42	0.22	0.79**

注:* 表示在 0.05 水平上相关性显著;** 表示在 0.01 水平上相关性极显著,下同。

3.4 SIMDualKc 模型及其参数

Rosa(2012)等开发的基于 FAO 双作物系数的 SIMDualKc 模型,需要输入的数据有气象数据、土壤数据、作物数据及灌水数据,通过对初始参数 K_{cb} 及土壤水分亏缺系数进行模型的调参。模型的详细介绍见参考文献(邱让建,2014;Qiu et al.,2015)。

采用 2013—2015 年连续年的温室试验数据对 SIMDualKc 模型在温室的适应性进行分析,计算得到番茄蒸发蒸腾量率定和验证模型参数,并将番茄蒸发蒸腾量实测值和模拟值进行对比,其具体模拟过程如下:

(1)每日气象数据。利用最低和最高空气温度(T_{min} 和 T_{max})、最小相对湿度(RH_{min})数据,通过修改过的 P-M 公式(王健等,2006)计算得到 ET_0。温室内风速和降雨可忽略不计。

(2)作物数据。包括不同水分处理下番茄缓苗期、苗期、开花期和成熟期以及收获和生育期结束的日期、裸土的最小作物系数、根系深度、植株高度和冠层覆盖度(表 3-3)、根据实测充分灌水处理时全生育期番茄蒸发蒸腾量率定的土壤水消耗比(Allen et al.,1998)(表 3-4)。本试验种植番茄为行间作物,南北种植方向,行距取均值为 0.6 m。

表 3-3　2013—2015 年温室番茄各处理生长指标

实测指标	生育期	2013—2014				2014—2015			
		T1	T2	T3	T4	T1	T2	T3	T4
株高（m）	初期	0.5	0.5	0.5	0.5	0.5	0.5	0.5	0.5
	发育期	1.0	0.9	0.9	1.0	1.1	1.0	1.0	0.9
	中期	1.6	1.5	1.3	1.3	1.7	1.5	1.3	1.7
	后期	1.9	1.8	1.6	1.4	1.9	1.8	1.7	1.5
根系深度（m）	初期	0.3	0.3	0.3	0.3	0.3	0.3	0.3	0.3
	发育期	0.4	0.4	0.4	0.4	0.4	0.4	0.3	0.3
	中期	0.5	0.5	0.4	0.4	0.5	0.5	0.4	0.4
	后期	0.6	0.6	0.5	0.5	0.6	0.6	0.5	0.5
覆盖度	初期	0.3	0.3	0.3	0.3	0.3	0.3	0.3	0.3
	发育期	0.8	0.8	0.7	0.6	0.8	0.6	0.6	0.6
	中期	0.8	0.8	0.7	0.6	0.8	0.7	0.6	0.6
	后期	0.6	0.6	0.5	0.5	0.6	0.6	0.5	0.5

表 3-4　土壤水消耗比和土壤蒸发参数初始值和计算值

参　数	项　目	初始值	计算值
土壤水消耗比	初　期	0.42	0.42
	发育期	0.42	0.42
	中　期	0.42	0.42
	后　期	0.42	0.42
土壤水分蒸发	TEW（mm）	30	31
	REW（mm）	8	8
	Z_e（m）	0.15	0.15

（3）土壤数据。根据土壤田间持水量和凋萎含水量及作物因素修正后，土壤参数最终修正值如表 3-4 所示：总蒸发水量（TEW）为 31 mm，易蒸发水量（REW）为 8 mm，蒸发层深度（Z_e）为 0.15 m，由于温室地表几乎全部覆盖薄膜，考虑番茄根部的小孔和由于农作等破坏薄膜的地表覆盖度，将薄膜的地表覆盖度根据 4 个生长阶段调整为 0.95、0.95、0.9 和 0.85。

（4）灌水数据。本试验采用沟灌灌水方式（宽垄），灌水管理包括充分灌水（T1）和不同生育阶段亏水灌溉（T2、T3 和 T4）。

（5）其他数据。由于灌水量较小，无地表径流和深层渗漏，因此不考虑地表径流和深层渗漏的参数率定。

3.5 基于SIMDualKc模型估算不同水分处理下番茄蒸发蒸腾量

3.5.1 模型率定及验证

利用 2013—2014 年温室试验数据对 SIMDualKc 模型的参数进行率定，根据实测资料修正土壤水消耗比、土壤参数、蒸发层深度（Z_e）、总蒸发水量（TEW）及易蒸发水量（REW），以及初始土壤含水率等，通过调整基础作物系数使不同水分处理番茄蒸发蒸腾量模拟值和实测值之间拟合达到相关性显著时率定过程结束。

图 3-5 为 2013—2014 年率定基础作物系数时得到的番茄蒸发蒸腾量模拟值和实测值，其中图 3-5a 至图 3-5d 分别为 T1～T4 处理下番茄蒸发蒸腾量的模拟值和实测值，且不同水分处理模拟值和实测值有较好的一致性，其绝对误差（MAE）为 0.22～0.28 mm/d，均方根误差（RMSE）为 0.26～0.33 mm/d，决定系数（R^2）为 0.53～0.81（$P<0.05$）。通过查表（邵崇斌与徐钋，2007）可得以上统计参数均在合理的范围之内，其率定结果如表 3-5 所示。

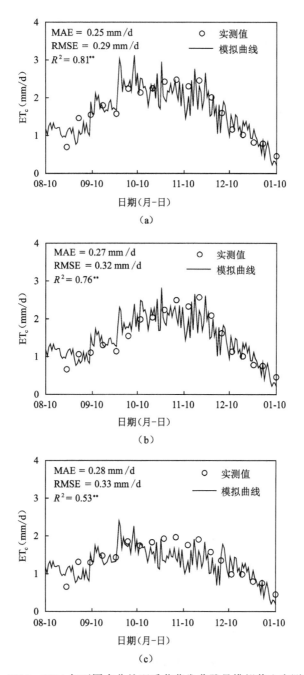

图 3-5 2013—2014 年不同水分处理番茄蒸发蒸腾量模拟值和实测值对比

注：＊＊表示 P 小于 0.05,相关性极显著

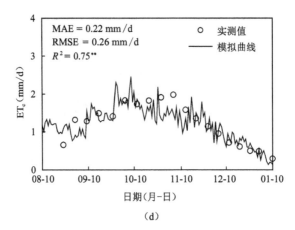

（d）

图 3-5（续）　2013—2014 年不同水分处理番茄蒸发蒸腾量模拟值和实测值对比

注：＊＊表示 P 小于 0.05，相关性极显著

表 3-5　基础作物系数初始值和率定值

参　数	基础作物系数			
	$K_{cb\ ini}$	$K_{cb\ dev}$	$K_{cb\ mid}$	$K_{cb\ end}$
初始值	0.50	0.50～1.05	1.05	0.70
率定值	0.34	0.34～1.16	1.16	0.63

为了验证以上率定参数的准确性，利用 2014—2015 年试验数据与率定的参数模拟得到的蒸发蒸腾量与实测值进行对比，如图 3-6 所示，其中图 3-6a 至图 3-6d 分别为 T1～T4 处理土壤蒸发量的模拟值和实测值。由图 3-6 可知模拟值和实测值之间绝对误差（MAE）为 0.23～0.33 mm/d，均方根误差（RMSE）为 0.28～0.48 mm/d，决定系数（R^2）为 0.51～0.72（$P<0.05$）。通过查表（邵崇斌与徐钊，2007）可得以上统计参数均在合理的范围之内。以上结果表明通过 2013—2014 年试验数据对模型参数进行率定，采用 2014—2015 年试验数据对模型进行验证，均得到了较好的一致性，因此运用 SIMDualKc 模型可以较好地模拟不同水分处理番茄全生育期逐日蒸发蒸腾量。

运用 SIMDualKc 模拟番茄蒸发蒸腾量时，模拟值与实测值之间存在一定的误差，造成误差的可能原因如下：

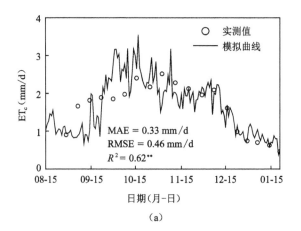

（a）

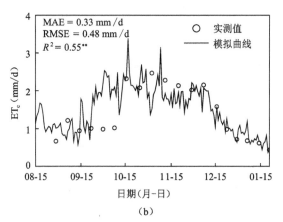

（b）

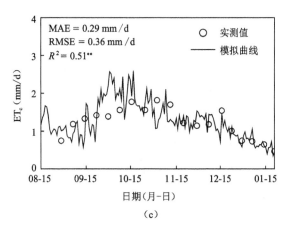

（c）

图 3-6　2014—2015 年不同水分处理番茄蒸发蒸腾量模拟值和实测值对比

注：＊＊表示 P 小于 0.05,相关性极显著,下同。

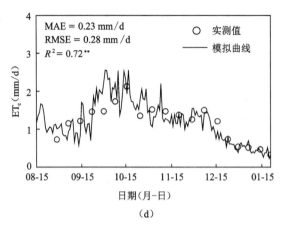

图 3-6(续)   2014—2015 年不同水分处理番茄蒸发蒸腾量模拟值和实测值对比

注:* * 表示 P 小于 0.05,相关性极显著,下同。

(1) 在温室内不断的劳作会损坏薄膜地表覆盖度和冠层覆盖度,而模型输入的薄膜地表覆盖度和冠层覆盖度是定期测定而不能准确到每天的实际情况,导致蒸发蒸腾量模拟值与实测值有不同程度的误差。

(2) 试验数据采集的间隔时间过长不能准确地反映植株客观的生长状况,导致模拟结果有误差。

(3) 引用他人(王健等,2006)修改过的 P-M 公式计算参考作物蒸发蒸腾量可能导致一定的误差。

通过 2013—2015 年试验率定和验证得到番茄基础作物系数(表 3-5):初期基础作物系数 $K_{cb\,ini}$ 为 0.34,发育期基础作物系数 $K_{cb\,dev}$ 为 0.34~1.16,中期基础作物系数 $K_{cb\,mid}$ 为 1.16,后期基础作物系数 $K_{cb\,end}$ 为 0.63。本书 $K_{cb\,ini}$ 低于前人研究结果,Abedi-Koupai 等(2011)得到 $K_{cb\,ini}$ 为 0.44,邱让建(2014)得到 $K_{cb\,ini}$ 为 0.50,可能的原因为本试验番茄在 8 月份定植,此时利用温室气象资料计算所得 ET_0 较大而此时番茄初期蒸发蒸腾量较小,并且定植时将地表用塑料薄膜全部覆盖,降低了 $K_{cb\,ini}$。番茄中期时,番茄蒸发蒸腾量增加到全生育最大,而此时温室内温度和辐射较低,因此 $K_{cb\,mid}$ 高于他人研究结果(邱让建,2014)。

3.5.2   土壤蒸发量比较

为了验证由 SIMDualKc 模型模拟得到的土壤蒸发量的准确性,以 2013—

2014 年试验为例分析模型估算得到的土壤蒸发量和实测土壤蒸发量之间的误差,其对比结果如图 3-7 所示,其中图 3-7a 至图 3-7d 分别为 T1～T4 处理土壤蒸发量的模拟值和实测值。由图 3-7 可以看出不同水分处理土壤蒸发量模拟值与实测值有较好的一致性,其 MAE 为 0.016～0.020 mm/d,RMSE 为 0.013～0.021 mm/d 和 R^2 为 0.67～0.84(P＜0.01)。通过查表(邵崇斌与徐钊,2007)可得以上统计参数均在合理的范围之内,且模拟值和实测值之间极显著相关。以上结果表明该模型可以利用已经率定好的参数来准确地模拟土壤蒸发量,将作物蒸发蒸腾量准确地分成作物蒸腾量和土壤蒸发量,进而计算得到不同水分处理逐日作物蒸腾量。

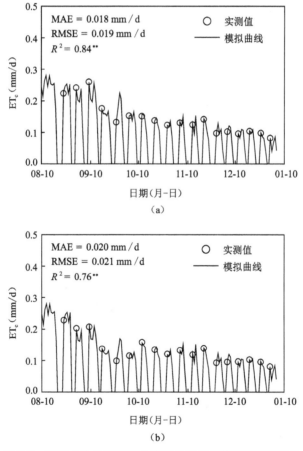

图 3-7　不同水分处理番茄土壤蒸发量模拟值和实测值对比

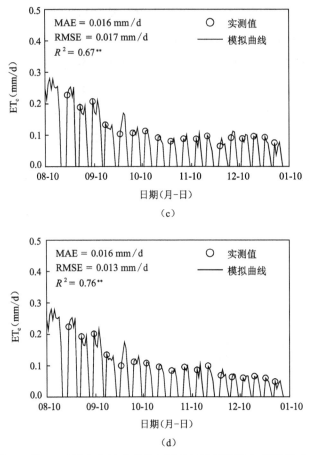

图 3-7(续)　不同水分处理番茄土壤蒸发量模拟值和实测值对比

3.5.3　SIMDualKc 模拟结果分析

由上述可以得知 SIMDualKc 模型能较好地模拟不同水分处理番茄蒸发蒸腾量,并且准确地将土壤蒸发量和作物蒸腾量分开。表 3-6 为通过模型得到的不同水分处理下土壤蒸发量和作物蒸腾量。由表 3-6 可以看出,番茄初期 E 较高,为 $2.9\sim3.6$ mm;而番茄 T 较低,仅为 $20.5\sim24.3$ mm;此时 E/ET 在全生育期内最大,为 $10.7\%\sim17.7\%$。可能是由于番茄定植时将土壤灌水至田间持水量,土壤表层较湿润,此时番茄冠层覆盖度较小,温室内气温较高,即使温室地面被塑料薄膜覆盖,但番茄根部有一定的小孔,因此土壤蒸发量较大,而此时番茄蒸腾量较小,从而导致较高的 E/ET 值。

表 3-6　不同水分处理下番茄各生育期土壤蒸发量(E)、番茄蒸腾量(T)、

蒸发蒸腾量(ET)和蒸发量占蒸发蒸腾量的比例(E/ET)

生育期	指　标	T1		T2		T3		T4	
		2013—2014	2014—2015	2013—2014	2014—2015	2013—2014	2014—2015	2013—2014	2014—2015
初　期	E(mm)	3.6	2.9	3.6	3.1	3.6	3.0	3.6	3.1
	T(mm)	20.5	24.3	20.5	24.3	20.5	24.3	20.5	24.3
	ET(mm)	24.2	27.2	24.2	27.4	24.2	27.4	24.2	27.4
	E/ET（%）	17.7	10.7	17.7	12.6	17.7	12.6	17.7	12.6
发育期	E(mm)	4.3	2.9	3.4	2.8	3.4	2.8	3.4	2.8
	T(mm)	58.8	64.6	46.4	52.5	46.5	52.3	46.7	52.6
	ET(mm)	63.2	67.5	49.8	55.3	50	55.2	50.1	55.4
	E/ET（%）	7.3	4.5	7.5	5.3	7.4	5.3	7.4	5.3
中　期	E(mm)	3.8	5.8	3.6	5.0	2.6	2.2	2.6	2.2
	T(mm)	121.6	126.5	115.2	119.2	83.6	88.3	85.3	88.1
	ET(mm)	125.4	132.3	118.9	124.2	86.2	90.6	87.9	90.4
	E/ET（%）	3.1	4.6	3.1	4.0	3.1	2.5	3.1	2.5
后　期	E(mm)	1.8	1.1	1.8	1.1	1.7	1.0	1.1	0.6
	T(mm)	35.8	34.6	34.8	35.2	33.3	31.0	22.4	21.8
	ET(mm)	37.7	35.8	36.6	36.3	34.9	32.0	23.5	22.5
	E/ET（%）	5.1	3.1	5.1	3.1	5.1	3.2	5.1	3.1

　　充分灌水(T1)时,番茄进入发育期后,番茄冠层覆盖度和蒸腾速率逐步增大,E 随之减小而 T 逐步增加,E 为 2.9～4.3 mm,T 为 58.8～64.6 mm,E/ET 为 4.5%～7.3%;番茄中期时,虽然灌水频繁,但作物冠层覆盖度和番茄 T 达到

最大,E 为 3.8～5.8 mm,T 为 121.6～126.5 mm,E/ET 为全生育期最小,为 3.1％～4.6％;番茄后期时,植株开始衰老,其灌水量减小,E 降为最小,为 1.1～ 1.8mm,T 也降低为 35.8～37.7 mm,此时 E/ET 为 3.1％～5.1％。温室番茄 覆膜时,全生育期内平均土壤蒸发量占番茄蒸发蒸腾量的 5.1％,远小于温室外 大田作物棵间蒸发比例(汪顺生等,2012)。

通过模拟得到的不同水分处理的作物蒸腾量(表 3-6),由此可以看出与充分 灌水处理(T1)相比,番茄发育期亏水、其他生育期充分灌水(T2)时,各生育期 T 分别减少了 19％～21％、5％～6％和 1％～3％,即 $K_{s2}=0.8$、$K_{s3}=0.94$ 和 $K_{s4}=0.98$;番茄发育期和中期亏水、后期充分灌水(T3),与 T1 相比,各生育期 T 分 别减少了 19％～21％、30％～32％和 7％～10％,即 $K_{s2}=0.8$、$K_{s3}=0.69$ 和 $K_{s4}=0.91$;当番茄发育期、中期和后期连续亏水时,与 T1 相比,各生育期 T 分别减 少了 19％～21％、30％～31％和 46％～47％,即 $K_{s2}=0.8$、$K_{s3}=0.7$ 和 $K_{s4}=$ 0.63。上述结果表明亏水灌溉可以有效减少作物蒸腾量,随着亏水时间的增加, 减小的幅度有所增大;发育期、中期和后期均亏水 50％时,减小幅度最大。

3.6 小结

利用 2013—2015 年温室的气象资料,研究利用蒸发皿蒸发量估算参考作物 蒸发蒸腾量的方法,并运用 2013—2014 年番茄试验数据对 SIMDualKc 模型进 行率定,采用 2014—2015 年番茄试验数据进行验证,得到以下结论:

(1)利用 2013—2014 年温室气象资料估算蒸发皿系数模型经验常数,通过 2014—2015 年相对湿度和蒸发皿蒸发量估算参考作物蒸发蒸腾量,得到了较好 的模拟结果,可以在温室中运用相对湿度和蒸发皿蒸发量来估算参考作物蒸发 蒸腾量,为温室农业生产制定灌溉制度提供了理论依据。

(2)运用 SIMDualKc 模型模拟得到初期基础作物系数 $K_{cb\,ini}$ 为 0.34,发育 期基础作物系数 $K_{cb\,dev}$ 为 0.34～1.16,中期基础作物系数 $K_{cb\,mid}$ 为 1.16,后期基 础作物系数 $K_{cb\,end}$ 为 0.63,该模型模拟出不同亏水处理的番茄蒸发蒸腾量与实 测值有很好的一致性,模型估算误差较小,可以准确模拟番茄蒸发蒸腾量。

（3）SIMDualKc 模型可以准确地将番茄蒸腾量和土壤蒸发量分开，且土壤蒸发量模拟值与实测值误差较小。通过模拟所得番茄各生育期土壤蒸发量占蒸发蒸腾量的比例在初期时最大，为 10.7%～17.7%；在中后期时最小，为 3.1%～5.1%。全生育期番茄蒸腾量占整个生育期番茄蒸发蒸腾量的 94.9%；其中番茄发育期蒸腾量占全生育期蒸腾量的比例最大，为 51.0%，在初期时蒸腾量占全生育期总的蒸腾量的比例最小，为 9.2%。

（4）通过 SIMDualKc 模型模拟得到的番茄蒸腾量进而计算出不同亏水处理各生育期的水分亏缺系数。以充分灌水处理为对照，番茄发育期亏水、其他生育期充分灌水（T2）时，水分亏缺系数分别为 0.8、0.94 和 0.98；番茄发育期和中期亏水、后期充分灌水（T3）时，水分亏缺系数分别为 0.8、0.69 和 0.91；当番茄发育期、中期和后期连续亏水（T4）时，水分亏缺系数分别为 0.8、0.7 和 0.63。上述结果表明亏水处理可以降低水分亏缺系数，随着亏水时间的增加，减小的幅度有所增大；复水后水分亏缺系数有不同程度的增加，且发育期、中期和后期连续亏水 50% 时，水分亏缺系数最小。因此运用 SIMDualKc 模型可以准确模拟西北温室环境下不同水分处理番茄蒸发蒸腾量，并能够准确地将土壤蒸发量和作物蒸腾量分开，进一步通过模拟结果分析非充分灌水条件下番茄的响应及复水后的补偿机制，为农业生产提供理论依据。

C 第4章 基于辐热积的温室番茄干物质生产及分配模型

Chapter 4

目前对蔬菜生长发育的研究,主要集中体现在运用模型来模拟干物质分配,其中包括干物质分配模型。作物干物质分配模拟作为作物生长发育模拟中一部分,相关模型主要有功能平衡模型、源库理论模型(Marcelis,1994;Reynolds and Chen,1997)和分配指数模型(Marcelis,2006)。功能平衡模型认为地上部分和地下部干物质之间的分配主要取决于根活性和地上部分活性的对比。功能平衡理论能够较好地模拟根茎类蔬菜干物质分配。但对于许多蔬菜作物来说,收获的不是全部地上部分,而仅仅是果实,如番茄,采用这类模型无法模拟干物质在地上部分各器官的分配(Hunt et al.,1998)。机理性较强的源库理论模型,主要有TOMGRO(Tomato Growth model)和 TOMSIM(Tomato Simulator)模型。TOMGRO 模型需要输入大量的参数,大大降低了模型的实用性。TOMSIM 模型利用固定的茎、叶干质量比率来预测茎、叶干质量,运用该模型预测产量的结果和实际情况差异较大(Jones et al.,1991;Heuvelink,1996)。Marcelis(1993)提出了经验性的干物质分配指数模型,即首先确定各个器官之间的分配指数,然后根据相应分配指数随育阶段的变化来模拟干物质分配。由于该模型需要的参数少且易确定,是目前最常用的模拟干物质分配的方法,包括模拟温室作物的干物质分配(倪纪恒等,2006;李永秀等,2006;员玉良和盛文溢,2015;张红菊等,2009;马万征等,2010;刁明等,2009;王新等,2013)。倪纪恒等(2006)和王新等(2013)研究温室番茄分配指数模型时引入辐热积来综合考虑温度和有效辐射,采用分配指数和收获指数来预测番茄干物质分配和产量,并且在不同地区和品种得到了验证。然而目前国内外运用干物质分配指数模型模拟温室内不同水分处理下的干物质分配的研究较少。

4.1　累积辐热积及其变化

采用累积辐热积(Product of Thermal Effectiveness and PAR,简称 TEP)来综合考虑温度和光合有效辐射对干物质产生和分配的影响,累积辐热积采用如下方法计算(倪纪恒等,2006,2009)。

$$PAR_i = \eta \cdot Q_i \tag{4-1}$$

$$RTE_i = \begin{cases} 0 & T \leqslant T_b \text{ 或 } T \geqslant T_o \\ (T-T_b)/(T_o-T_b) & T = T_o \\ (T_m-T)/(T_m-T_o) & T_o < T < T_m \end{cases} \tag{4-2}$$

$$HTEP_i = RTE_i \cdot PAR_i \times 10^{-6} \tag{4-3}$$

$$TEP = \sum_{i=1}^{N} HTEP_i \tag{4-4}$$

式中，　PAR_i——第 i 小时内有效辐射,J/(m² · h);

Q_i——第 i 小时温室内太阳总辐射,J/(m² · h);

η——光合有效辐射和总辐射的比值,本书取 0.5(黄秉维等,1999;马万征等,2010);

RTE_i——第 i 小时内相对热效应;

T_o——生长最适温度,℃;

T_b——生长下限温度,℃;

T_m——生长上限温度,℃;

T——第 i 小时的平均温度,℃;番茄各生育时期的生长三基点温度如表4-1 所示(王冀川等,2008)。

$HTEP_i$——第 i 小时内的辐热积,MJ/(m² · h);

TEP——N 小时内累积辐热积,MJ/m²。

表 4-1　温室番茄生长三基点温度

生育期	下限温度 T_b(℃)	最适温度 T_o(℃)	上限温度 T_m(℃)
缓苗期及苗期	10	25	30
开花期	15	25	30
成熟期	15	25	35

表 4-2 为 2013—2015 年沟灌番茄各生育期温室内日均气温(T)、有效辐射(PAR)和辐热积(TEP)。在番茄缓苗期时,T 和 PAR 均为全生育期最大,分别为 28.3 ℃～29.7 ℃ 和 121.7～123.7 MJ/(m²·h)。随着季节性的变化,温室内 T 和 PAR 呈逐渐减小的趋势。在成熟期,温室内日均气温降到最低,为 9.9 ℃～14.0 ℃,有效辐射降低为 44.5～50.6 MJ/(m²·h)。而温室内累积辐热积随时间呈增加趋势,在成熟期结束时达到最大,为 409.1～424.8 MJ/m²。

表 4-2　温室各生育期平均气温、有效辐射和累积辐热积

试验季	气象指标	缓苗期	苗期	开花期	成熟期
	日均气温(℃)	28.3	23.0	15.7	9.9
2013—2014 年	有效辐射(MJ/(m²·d))	121.7	98.9	72.6	50.6
	辐热积(MJ/m²)	31.9	118.8	264.7	409.1
	日均气温(℃)	29.7	25.1	18.9	14.0
2014—2015 年	有效辐射(MJ/(m²·d))	123.7	99.4	75.0	44.5
	辐热积(MJ/m²)	36.5	127.6	272.6	424.8

4.2　基于干物质生产及分配模型估算不同水分处理下番茄干物质量

4.2.1　不同水分处理干物质生产

图 4-1 为 2013—2015 年温室不同水分处理番茄干物质总量(Total Weight

of Dry Weight,简称 W_{TOT})与累积辐热积(TEP)的变化关系。由图 4-1 可以看出,通过拟合得到番茄干物质总量和累积辐热积的相关关系。番茄定植时,各处理番茄在缓苗期生长较为缓慢,干物质量与累积辐热积呈线性关系($W_{TOT}=2.0+0.21TEP,TEP<62\ MJ/m^2$)。进入苗期后,番茄干物质总量与累积辐热积的对数呈线性关系,且番茄干物质总量随着累积辐热积的增加而增加。干物质总量在苗期和开花期变化量较大,在成熟期时干物质总量变化减缓。比较各水分处理下的干物质总量,结果如下:充分灌水处理(T1)下干物质总量大于其他各水分处理下干物质总量,且只在苗期亏水(T2)不会显著影响番茄干物质总量;随着亏水天数的增加,其干物质总量减少量逐渐增加;全生育期亏水(T4)时,干物质总量减少到最低,不同生育期干物质总量分别为充分灌水处理(T1)对应时期干物质总量的 94.6%～97.9%、81.4%～81.7%和 75.8%～77.1%。

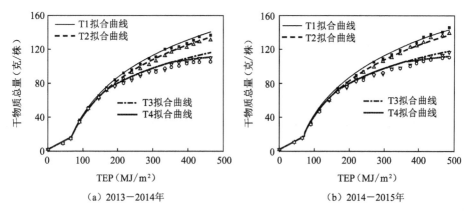

图 4-1　2013—2015 年番茄不同水分处理干物质总量与累积辐热积的关系

注:TEP 为累积辐热积。

将 2013—2014 年不同水分处理的番茄干物质总量与累积辐热积进行拟合(图 4-1a)。由图 4-1a 可以看出不同水分处理番茄干物质总量与累积辐热积的相关关系不同,其拟合的形式如式(4-5)所示:

$$W_{TOT}=a\cdot ln(TEP)+b \tag{4-5}$$

式中,　W_{TOT}——干物质总量,克/株;

　　　　TEP——累积辐热积,MJ/m^2。

不同水分处理拟合得到的经验系数有所不同,如表 4-3 所示。

表 4-3　2013—2014 年不同水分处理下番茄干物质总量经验系数

处　理	生育期	a	b	R^2	适用条件
T1	苗　期	63.5	−249.4	0.90**	TEP≥62
	开花期				
	成熟期				
T2	苗　期	60.7	−238.4	0.89**	TEP≥62
	开花期				
	成熟期				
T3	苗　期	60.7	−238.4	0.90**	62≤TEP<171
	开花期	47.6	−183.0	0.89**	171≤TEP<357
	成熟期	58.4	−220.9	0.84**	TEP≥357
T4	苗　期	60.7	−238.4	0.89**	62≤TEP<171
	开花期	47.6	−183.0	0.87**	171≤TEP<357
	成熟期	22.5	−30.5	0.85**	TEP≥357

注：T1、T2、T3、T4 为全生育期充分灌水处理、仅苗期亏水 50% 处理、苗期开花期连续亏水 50% 处理和全部亏水 50% 处理；a 和 b 为拟合得到的经验系数；R^2 为决定系数；** 表示在 0.01 水平上相关性极显著；TEP 为累积辐热积，MJ/m^2；下同。

　　采用 2014—2015 年温室数据验证式(4-5)的可行性。图 4-1b 和表 4-4 为利用 2014—2015 年累积辐热积和表 4-3 所示经验系数模拟所得的干物质总量与实测值之间的对比。由图 4-1b 和表 4-4 可以看出，各水分处理下番茄干物质总量模拟值与实测值有较好的一致性，其绝对误差(MAE)为 1.67~2.76 克/株，均方根误差(RMSE)为 1.89~3.21 克/株和 R^2 为 0.89~0.91，说明在各水分处理时，利用累积辐热积模型可以准确模拟番茄全生育期内干物质总量。

　　不同水分处理时各生育期干物质总量拟合公式不同，因此对不同水分处理下各生育期耗水量与对应生育期拟合公式经验系数(表 4-3)进行了拟合。经验系数(a 和 b)与番茄耗水量有关，如图 4-2 所示。番茄各生育期耗水量如表 4-5 所示。

表 4-4 2014—2015 年不同水分处理下番茄模拟和实测干物质总量误差分析

处　理	相对误差 MAE(克/株)	标准误差 RMSE(克/株)	R^2
T1	2.38	2.73	0.91**
T2	1.67	1.89	0.90**
T3	2.73	3.17	0.89**
T4	2.76	3.21	0.90**

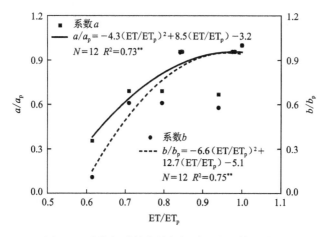

图 4-2　番茄相对耗水量与相对经验系数的关系

注:a 和 b 为不同水分处理下经验系数;a_p 和 b_p 为充分灌水处理(T1)所得到的经验系数;ET 和 ET_p

分别为不同水分处理各生育期耗水量和充分灌水处理(T1)各生育期耗水量,mm/d;N 为样本数。

表 4-5 温室不同水分处理番茄耗水量

生育期	2013—2014 年				2014—2015 年			
	T1	T2	T3	T4	T1	T2	T3	T4
苗　期 (mm/d)	1.79	1.51	1.50	1.53	1.85	1.49	1.51	1.52
开花期 (mm/d)	2.21	2.17	1.76	1.72	2.14	2.13	1.66	1.63
成熟期 (mm/d)	0.83	0.80	0.78	0.51	0.79	0.77	0.76	0.53

目前对植株干物质生产的模拟多集中为机理性和经验性模型。干物质生产

机理性模型的研究方面,王新等(2013)和刁明等(2009)采用单叶光合速率、冠层光合速率和呼吸作用对植株干物质的生产进行模拟,得到了较为理想的结果。干物质生产经验性模型的研究方面,张红菊等(2009)研究干物质生产时引入了生理辐热积来拟合植株干物质生产;马万征等(2010)利用辐热积模拟黄瓜干物质量分配,建立了干物质总量与累积辐热积之间相关关系;均达到了较为理想的结果。本研究建立了西北地区温室番茄4个水分处理下经验性的干物质生产模型,拟合得到反映累积辐热积与干物质总量相关关系的关系式。不同水分处理时,拟合公式中经验参数 a 和 b 均有所变化。由表4-3及图4-2可以看出,相对经验参数 a/a_p 和 b/b_p 与对应时期相对耗水量呈显著二次相关关系,在一定范围内相对经验参数 a/a_p 和 b/b_p 随相对耗水量的增加而增加,因此在本试验条件下只要测得番茄耗水量就可模拟番茄干物质总量。该干物质生产模型适合于肥料无胁迫条件下不同水分处理下干物质总量生产,提高了干物质生产模型的普适性。本研究所得到的干物质生产模型与基于源库理论的温室番茄干物质生产模型相比,只需要番茄各水分处理的耗水量和气象资料(总辐射、温度)即可根据拟合经验公式得到准确的各水分处理下干物质总量,具有参数少、易于获取和实用性强的特点。然而该干物质生产模型在不同肥料条件下的番茄干物质分配模型需要进一步的试验资料对模型参数进行校正,同时干物质生产模型还需要在不同地点进行验证,以提高模型的广适性和稳定性。

4.2.2　地上部分配指数和根系分配指数

在运用分配指数模拟干物质分配时,同化产物首先在地上部分和根系部分之间分配,然后在地上部分之间进行分配(倪纪恒等,2006)。地上部分配指数(Partitioning Indices of Total Dry Matter to Shoot,简称 PI_S)是地上部分干重(Shoot Dry Weight,简称 W_{SH})占干物质总质量(W_{TOT})的比例;根系分配指数(Partitioning Indices of Total Dry Matter to Root,简称 PI_R)为根系干质量(Root dry weight,简称 W_R)占 W_{TOT} 的比例。

图4-3为2013—2015年温室不同水分处理番茄地上部干物质和根系干物质量分配指数。由图4-3通过拟合得到番茄地上部分配指数、根系分配指数与累积辐热积的相关关系。地上部分配指数随累积辐热积的增加而增大。在番茄定植

时地上部分配指数最小，为 0.79；在番茄成熟期时最大，为 0.95。番茄根系分配
指数表现出相反的规律，根系分配指数随累积辐热积的增加而减小。在番茄定
植时根系分配指数最大，为 0.21；在番茄成熟期时最小，为 0.05。在番茄生育期
内各水分处理下地上部分配指数和根系分配指数无显著差异，不同生育期亏水
不会显著影响地下部和根系分配指数。

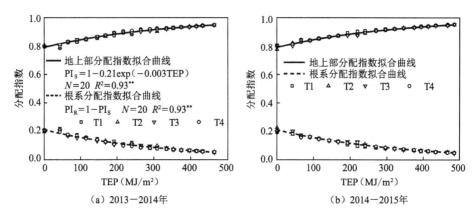

图 4-3　2013—2015 年番茄各处理下地上部分配指数、根系分配指数与累积辐热积的关系

注：PI_S 为地上部分配指数；PI_R 为根系分配指数；TEP 为累积辐热积，MJ/m^2；N 为样本数。

　　将 2013—2014 年不同水分处理的番茄地上部分配指数、根系分配指数与累
积辐热积进行拟合（图 4-3a），其拟合关系如图 4-3a 所示。采用 2014—2015 年数
据验证图 4-3a 中拟合公式进行分配指数拟合的可行性，如图 4-3b 和表 4-6 所示。各

表 4-6　2014—2015 年不同水分处理下番茄模拟和实测地上部分配指数及

根系分配指数误差分析

处　理	地上部分配指数			根系分配指数		
	MAE	RMSE	R^2	MAE	RMSE	R^2
T1	0.005	0.008	0.92**	0.005	0.008	0.92**
T2	0.004	0.006	0.93**	0.004	0.006	0.93**
T3	0.005	0.007	0.91**	0.005	0.007	0.91**
T4	0.004	0.006	0.94**	0.004	0.006	0.94**

水分处理番茄地上部分配指数和根系分配指数模拟值与实测值有较好的一致性,其绝对误差(MAE)为 0.004~0.005,均方根误差(RMSE)为 0.006~0.008和决定系数(R^2)为 0.91~0.94;说明利用图 4-3 中拟合公式可以准确模拟番茄全生育期地上部分配指数和根系分配指数。

4.2.3　地上部各器官分配指数

番茄地上部分器官包括茎、叶和果实,其中在开花期之前地上部器官只有茎和叶,开花期之后地上部器官有茎、叶和果实。茎、叶和果实的分配指数(Partitioning Indices of Shoot Dry Matter to Stem,Leaf and Fruit,分别简称 PI_{ST}、PI_L 和 PI_F)指的是植株体茎、叶和果实干质量(Dry Weight of Stem,Leaf and Fruit,分别简称 W_S、W_L 和 W_F)占地上部干质量(W_{SH})的比例。

图 4-4 为 2013—2015 年温室内不同水分处理下番茄地上部茎、叶和果实干物质分配指数与累积辐热积的关系。茎分配指数(PI_{ST})随累积辐热积的增加而先增加后减小;在番茄苗期结束时最大,为 0.46~0.49;在番茄成熟期结束时最小,为 0.22~0.23。叶分配指数(PI_L)随累积辐热积的增加而降低;在番茄定植时最大,为 0.74~0.76;在成熟期结束时最小,为 0.20~0.22。开花期后番茄果实分配指数(PI_F)随着累积辐热积的增加而增加;在开花期之前最小,为 0;在成熟期结束时最大,为 0.54~0.58。番茄开花期之前时,番茄植株只进行营养生长,包括茎和叶的生长。茎和叶的分配指数在定植时分别为 0.24~0.26 和 0.74

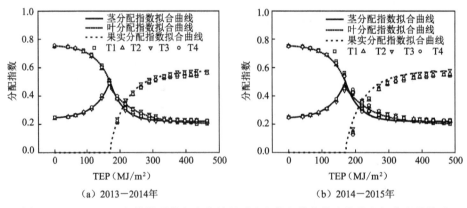

(a) 2013—2014年　　　　　　　(b) 2014—2015年

图 4-4　2013—2015 年模拟番茄各水分处理下地上部各器官分配指数和辐热积的关系

~0.76。随着营养生长的进行,茎和叶的分配指数逐步接近,在苗期结束时最为接近,为 0.49~0.51 和 0.49~0.51。随后茎和叶分配系数随着累积辐热积的增加而降低。开花期初期时果实开始膨大,果实干物质增加速率较快,因此果实分配指数增加速率较大。在成熟期时,果实开始成熟,大部分果实已经膨大,干物质增加速率减缓,其果实分配指数增加较缓。各水分处理之间地上部各器官分配指数无显著差异,说明亏水处理不会显著影响干物质在地上部各器官的分布。

由 2013—2014 年试验数据拟合地上部各器官分配系数与累积辐射积的关系,如图 4-4a 所示。番茄地上部茎、叶和果实分配指数和累积辐热积的关系如下:

$$PI_L = \begin{cases} 0.76 - 0.006\exp(TEP/45.2) & 0 < TEP < 171 \\ 0.20 + 2.3\exp(-TEP/78) & TEP \geqslant 171 \end{cases} \tag{4-6}$$

$$PI_{ST} = \begin{cases} 0.24 + 0.006\exp(TEP/45.2) & 0 < TEP < 171 \\ 0.22 + 23.1\exp(-TEP/38.7) & TEP \geqslant 171 \end{cases} \tag{4-7}$$

$$PI_F = \begin{cases} 0 & 0 < TEP < 171 \\ 0.56 - 2.3\exp(-TEP/78) - 23.1\exp(-TEP/38.7) & TEP \geqslant 171 \end{cases}$$
$$\tag{4-8}$$

式中,　PI_{ST}——茎分配指数;

　　　　PI_L——叶分配指数;

　　　　PI_F——果实分配指数;

　　　　TEP——累积辐热积,MJ/m^2。

图 4-4b 和表 4-7 为通过 2014—2015 年累积辐热积和公式(4-6)至公式(4-8)所得温室内各水分处理下地上部各器官分配指数模拟值与实测值的对比结果。由图 4-4b 和表 4-7 可以看出,各水分处理下番茄地上部各器官分配指数模拟值与实测值有较好的一致性,其绝对误差(MAE)为 0.007~0.030,均方根误差(RMSE)为 0.011~0.034,决定系数(R^2)为 0.91~0.95;说明利用累积辐热积和公式(4-6)至公式(4-8)可以准确模拟番茄全生育期地上部各器官分配指数。

表 4-7 2014—2015 年不同水分处理下番茄地上部分茎、叶和果实分配指数模拟值和

实测值误差分析

处　理	茎分配指数			叶分配指数			果实分配指数		
	MAE	RMSE	R^2	MAE	RMSE	R^2	MAE	RMSE	R^2
T1	0.007	0.012	0.92**	0.007	0.011	0.95**	0.012	0.019	0.93**
T2	0.010	0.013	0.93**	0.030	0.034	0.94**	0.030	0.034	0.94**
T3	0.010	0.017	0.91**	0.010	0.014	0.95**	0.024	0.032	0.93**
T4	0.011	0.016	0.92**	0.012	0.015	0.95**	0.025	0.031	0.92**

在干物质分配的研究中,通常假定干物质首先在地上部分与地下部分之间进行分配,然后地上部分干物质再向茎、叶、果实中分配(倪纪恒等,2005)。倪纪恒等(2006)利用辐热积对不同品种和基质处理的番茄进行干物质分配和产量模拟,得出的地上部和根系分配指数与 TEP 的关系形式与本研究得出的表达式形式一致,但由于地域及处理措施等的不同导致表达式经验系数的不同。在地上部各器官的分配指数的研究中,张红菊等(2009)和刁明等(2009)利用辐热积对地上部干物质量进行分配模拟时也表明,PI_S、PI_L 和 PI_F 与累积辐热积之间的关系式形式与本书一致,其经验参数会随供试品种、地域及种植环境所变化。本研究表明 PI_S、PI_R、PI_{ST}、PI_L 和 PI_F 与 TEP 之间的关系形式上与前人表达形式的相似,不同水分处理对 PI_S、PI_R、PI_{ST}、PI_L 和 PI_F 均无显著影响,干物质在地上部、根部及地上部各器官的分布不受生育期内灌水量的影响,可能的原因是本研究施入的肥料较为充分,水分在干物质分配中不会起到显著的作用,但是干物质分配指数模型是否会随施肥量的不同而经验参数有所变化需要进一步的试验资料对其进行验证。

4.2.4　番茄各器官干物质分配模型验证

运用 2013—2014 年基于耗水量、累积辐热积、干物质总量、分配指数建立的干物质分配模型,通过 2014—2015 年不同水分处理下番茄耗水量、累积辐热积、经验公式(4-6)至公式(4-8)、图 4-2 和图 4-3 中的经验公式、充分灌水处理番茄耗

水量和经验系数(a_p 和 b_p)可得到不同水分处理下番茄干物质总量(W_{TOT})、地上部和根系分配指数(PI_S 和 PI_R)及地上部各器官分配指数(PI_{ST}、PI_L 和 PI_F),进而得到不同水分处理下各器官干物质量。图 4-5 和表 4-8 为通过 2014—2015 年各水分处理下耗水量、累积辐热积和经验公式得到番茄茎、叶、果实和根系干物质模拟值与实测值对比分析。

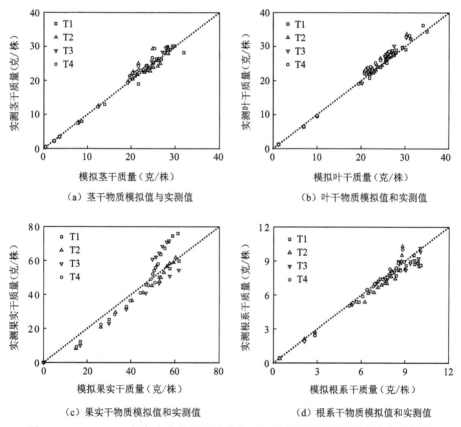

（a）茎干物质模拟值与实测值　　　　　（b）叶干物质模拟值和实测值

（c）果实干物质模拟值和实测值　　　　　（d）根系干物质模拟值和实测值

图 4-5　2014—2015 年各水分处理下番茄茎、叶、果和根系干物质模拟值与实测值

由图 4-5 和表 4-8 可以看出,各水分处理试验,各器官干物质模拟值与实测值有较好的一致性,其绝对误差(MAE)为 $0.24 \sim 9.46$ 克/株,均方根误差(RMSE)为 $0.35 \sim 10.01$ 克/株,决定系数(R^2)为 $0.78 \sim 0.89$。这说明在不同水分处理时,根据各水分处理下耗水量、累积辐热积和经验公式所得的模型可以准确模拟番茄茎、叶、果实和根系干物质量。因此可以将充分灌水处理得到的耗水

量(ET_p)和经验系数(a_p 和 b_p)作为定值,在不同水分处理时可直接引用来估算番茄茎、叶、果实和根系干物质量,对于预测不同水分处理下温室番茄各器官的干物质分配提供理论依据。

表 4-8　2014—2015 年各水分处理下番茄茎、叶、果实和根系干物质模拟值与实测值误差分析

各器官	T1			T2		
	MAE（克/株）	RMSE（克/株）	R^2	MAE（克/株）	RMSE（克/株）	R^2
茎	0.78	1.24	0.84**	0.48	0.68	0.89**
叶	0.63	0.79	0.89**	1.17	1.41	0.87**
果实	8.25	10.00	0.89**	9.46	10.01	0.78**
根系	0.55	0.72	0.86**	0.32	0.43	0.87**
	T3			T4		
茎	1.07	1.57	0.88**	0.98	1.38	0.88**
叶	0.84	1.18	0.88**	1.46	1.65	0.87**
果实	3.22	3.79	0.85**	3.74	4.05	0.83**
根系	0.46	0.59	0.87**	0.24	0.35	0.88**

4.3 小结

通过 2013—2015 年温室内不同水分处理试验,建立基于累积辐热积和番茄耗水量的干物质生产和分配模型,通过该模型可以准确模拟不同灌水处理下番茄干物质生产及分配,得到如下结论:

(1)得出累积辐热积与干物质总量拟合关系式,不同水分处理时经验参数 a 和 b 均有所变化,与对应时期相对耗水量呈显著二次相关关系。番茄干物质总量受辐热积和水分影响较大,而干物质在地上部、根系及地上部各器官的分配指数只随辐热积变化,不随灌水量发生显著的变化。

(2)运用番茄耗水量、累积辐热积、经验公式和经验系数(a_p 和 b_p)得到干物

质生产及分配模型,通过该模型估算得到的不同水分处理下番茄茎、叶、果实和根系干物质的预测值和实测值拟合度较高,其绝对误差为 0.24～9.46 克/株,均方根误差为 0.35～10.01 克/株,决定系数为 0.78～0.89,可以用该模型预测肥料充分条件下各水分处理时温室番茄各器官的干物质生产及分配,为不同水分条件下温室番茄生产提供理论依据。

第5章 基于干物质生产及分配模型估算不同氮素处理下番茄干物质量

Chapter 5

为了探究不同氮肥处理下番茄干物质生产及分配的规律,以非充分灌水(W_1)和充分灌水(W_2)时不同氮素处理(N_0、N_{150}和N_{300})为例进行研究。

5.1 不同氮素处理下番茄蒸发蒸腾量

表 5-1 为 2013—2015 年不同水氮处理下番茄蒸发蒸腾量。由表 5-1 可以看出番茄蒸发蒸腾量随生育期先增加后减小。成熟期时蒸发蒸腾量最低,为 0.46 ～0.84 mm/d;开花期时蒸发蒸腾量最高,为 1.55～2.24 mm/d。灌水量相同时,番茄各生育期蒸发蒸腾量随施氮量的降低而减少;N_{300}处理下番茄蒸发蒸腾量最大;与 N_{300}相比,N_0处理下各生育期蒸发蒸腾量降低幅度最大。W_1处理下各生育期蒸发蒸腾量分别降低了 12.6%～13.0%、8.8%～10.3%和 7.7%～9.8%;W_2处理下各生育期蒸发蒸腾量减小幅度分别为 13.5%～18.1%、4.6%～8.9%和 22.6%～25.3%。施氮量相同时,番茄各生育期蒸发蒸腾量随灌水量的降低而减少,与 W_2相比,N_{300}处理下苗期和成熟期时减少灌水量番茄蒸发蒸腾量降低的幅度最大,分别为 13.5%～17.0%和 37.3%～39.3%;N_0处理下开花期减少灌水量时番茄蒸发蒸腾量降低的幅度最大,为 5.4%～24.0%。

表 5-1　2013—2015 年不同水氮处理下番茄蒸发蒸腾量

试验处理	2013—2014 年			2014—2015 年		
	苗期	开花期	成熟期	苗期	开花期	成熟期
W_1N_0	1.32e	1.55e	0.46e	1.34e	1.56e	0.48e
W_1N_{150}	1.42d	1.61e	0.49d	1.41d	1.67e	0.49d
W_1N_{300}	1.51c	1.70d	0.51d	1.54c	1.74d	0.52d
W_2N_0	1.49c	2.04c	0.65c	1.54c	2.09c	0.62c
W_2N_{150}	1.67b	2.13b	0.73b	1.65b	2.12b	0.74b
W_2N_{300}	1.79a	2.21a	0.83a	1.85a	2.14a	0.79a

注:同列数据后标不同小写字母表示在 $a = 0.05$ 水平上差异显著。

5.2　不同氮素处理干物质量

图 5-1 为 2013—2015 年不同水氮处理下番茄干物质量随累积辐热积变化趋势。由图 5-1 可以得知,番茄干物质量随辐热积的增加而增加,在番茄生育期结束时达到最大值,为 115.4~146.1 克/株。非充分灌水时,番茄干物质量变化范围为 14.8~115.4 克/株,番茄干物质量随施氮量的增加呈增加的规律;N_{150} 和 N_{300} 处理显著高于 N_0 处理干物质量,且 N_{150} 和 N_{300} 处理之间无显著差异。充分灌水时,番茄干物质量变化范围为 12.2~146.1 克/株,番茄干物质量随施氮量的增加呈显著增加的趋势。上述结果表明充分灌水时,增加施氮量有显著增加番茄干物质量的效应;而非充分灌水时,施氮量增加到一定量(150 kg/hm²)继续增加施氮量时不会显著增加番茄干物质量。施氮量相同时,充分灌水处理下番茄干物质量显著高于非充分灌水处理下番茄干物质量,表明增加灌水量可以显著增加番茄干物质量。

为了验证第四章所建立干物质生产及分配模型在不同水氮处理时的适应性,将不同水氮处理耗水量(表 5-1)代入图 4-2 所示拟合公式,得到如表 5-2 所示的经验系数。将 2013—2015 年不同水氮处理下所测的干物质量与模拟所得的干物质量进行分析得到如表 5-3 所示的结果。表 5-3 为利用 2014—2015 年累积辐热积和表 5-2 所示经验系数模拟所得的干物质总量与实测值之间的对比。由表 5-3 可以看出,各水氮处理下番茄干物质总量模拟值与实测值有较好的一致性,其绝对误差(MAE)为 2.35～3.57 克/株,均方根误差(RMSE)为 2.64～3.65 克/株和 R^2 为 0.75～0.85,说明可以利用第四章所拟合公式准确模拟不同水氮处理下番茄全生育期内干物质总量。

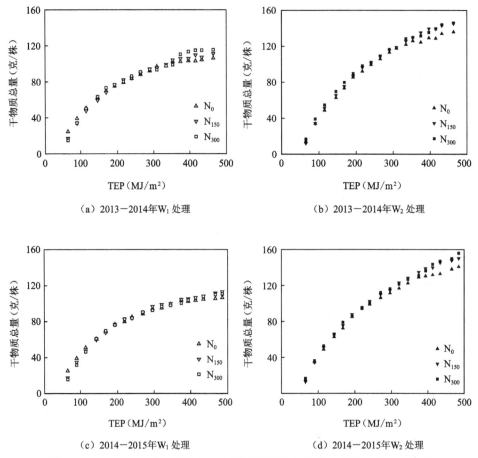

(a) 2013—2014年W_1处理　　　　(b) 2013—2014年W_2处理

(c) 2014—2015年W_1处理　　　　(d) 2014—2015年W_2处理

图 5-1　2013—2015 年不同水氮处理下番茄干物质总量与累积辐热积的关系

表 5-2 不同水氮处理下的经验系数

经验系数	试验处理	苗 期	开花期	成熟期
a	W_1N_0	46.3	41	12.1
	W_1N_{150}	53.1	45.1	20.3
	W_1N_{300}	57.8	50.4	25.4
	W_2N_0	56.9	62.4	52
	W_2N_{150}	62.7	63.4	60.3
	W_2N_{300}	63.5	63.5	63.5
b	W_1N_0	−168.7	−139.8	22.1
	W_1N_{150}	−204.8	−161.9	−24.3
	W_1N_{300}	−228.6	−190.5	−52.8
	W_2N_0	−224.1	−249.3	−199
	W_2N_{150}	−250.4	−251.8	−240.5
	W_2N_{300}	−249.4	−249.4	−249.4

表 5-3 2013—2015 年不同水氮处理下番茄模拟和实测干物质总量误差分析

试验处理	相对误差 MAE(克/株)	标准误差 RMSE(克/株)	R^2
W_1N_0	3.45	3.58	0.85 **
W_1N_{150}	2.35	2.64	0.84 **
W_1N_{300}	2.98	3.59	0.84 **
W_2N_0	3.57	3.65	0.81 **
W_2N_{150}	2.69	3.01	0.79 **
W_2N_{300}	3.10	3.61	0.75 **

5.3 不同水氮处理下地上部分配指数和根系分配指数

图5-2和图5-3分别为2013—2015年不同水氮处理下温室番茄地上部干物

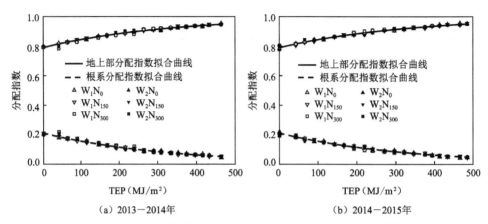

（a）2013—2014年 （b）2014—2015年

图 5-2 2013—2015 年各水氮处理下番茄地上部和根系分配指数与累积辐热积的关系

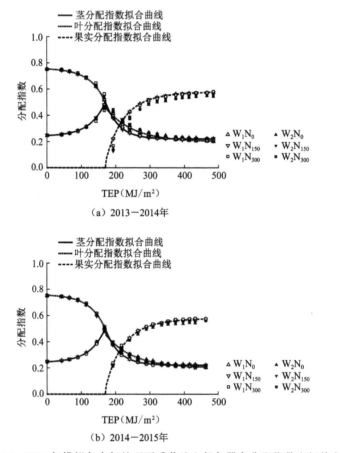

图 5-3 2013—2015 年模拟各水氮处理下番茄地上部各器官分配指数和辐热积的关系

质、根系干物质量分配指数和地上部各器官分配指数。由图 5-2 和 5-3 可以看出在番茄生育期内各水氮处理地上部、根系分配指数和地上部各器官分配指数无显著差异，不同生育期水氮处理不会显著影响地上部、根系分配指数和地上部各器官分配指数。

5.4　各氮素处理下番茄各器官干物质分配模型验证

基于 2013—2014 年耗水量、累积辐热积、干物质总量、分配指数建立干物质分配模型，通过 2014—2015 年不同氮素处理下番茄耗水量、累积辐热积、经验公式(4-6)至公式(4-8)、图 4-2 与图 4-3 中的经验公式、充分灌水处理下番茄耗水量和经验系数(a_p 和 b_p)可得到不同氮素处理下番茄干物质总量(W_{TOT})、地上部和根系分配指数(PI_S 和 PI_R)及地上部各器官分配指数(PI_{ST}、PI_L 和 PI_F)，进而得到不同氮素处理下各器官干物质量。

图 5-4 和表 5-4 为通过 2014—2015 年各处理下耗水量、累积辐热积和经验公式得到的番茄茎、叶、果实和根系干物质模拟值与实测值的对比分析。由图 5-4 和表 5-4 可以看出，各处理试验中，各器官干物质模拟量与实测量有较好的一致性，其绝对误差(MAE)为 0.17～2.96 克/株，均方根误差(RMSE)为 0.22～3.11 克/株，决定系数(R^2)为 0.82～0.89。说明在不同水氮处理时，根据各处理下耗水量、累积辐热积和经验公式所得的模型可以准确模拟番茄茎、叶、果实和根系干物质量。因此可以将充分灌水处理下得到的耗水量(ET_p)和经验系数(a_p 和 b_p)作为定值，在不同处理时可直接引用来估算番茄茎、叶、果实和根干物质量，对于预测不同处理下温室番茄各器官的干物质分配提供理论依据。

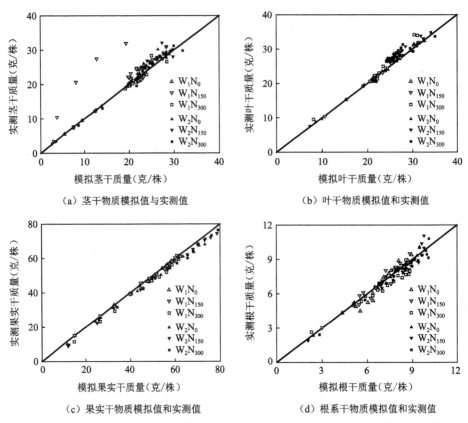

（a）茎干物质模拟值与实测值

（b）叶干物质模拟值和实测值

（c）果实干物质模拟值和实测值

（d）根系干物质模拟值和实测值

图 5-4　2014—2015 年各水氮处理下番茄茎、叶、果和根系干物质模拟值与实测值

表 5-4　2014—2015 年各水氮处理下番茄茎、叶、果实和根系干物质模拟值与实测值误差分析

各器官	非充分灌水处理								
	N_0			N_{150}			N_{300}		
	MAE（克/株）	RMSE（克/株）	R^2	MAE（克/株）	RMSE（克/株）	R^2	MAE（克/株）	RMSE（克/株）	R^2
茎	0.2	0.25	0.89	1.55	1.74	0.83	0.97	1.32	0.85
叶	0.17	0.22	0.89	0.32	0.42	0.89	1.16	1.55	0.84
果实	0.39	0.53	0.89	0.67	0.78	0.89	2.77	2.91	0.89
根	0.44	0.52	0.82	0.34	0.41	0.83	0.52	0.6	0.84

各器官	非充分灌水处理								
	N_0			N_{150}			N_{300}		
	MAE（克/株）	RMSE（克/株）	R^2	MAE（克/株）	RMSE（克/株）	R^2	MAE（克/株）	RMSE（克/株）	R^2
茎	1.15	1.49	0.88	1.31	1.78	0.87	1.22	1.37	0.87
叶	1.82	2.02	0.87	1.49	1.63	0.89	1.43	1.68	0.84
果实	2.68	2.97	0.89	2.37	2.6	0.89	2.96	3.11	0.89
根	0.2	0.27	0.87	0.29	0.43	0.86	0.38	0.45	0.86

5.5 小结

通过 2013—2015 年温室内不同水氮处理试验,利用第四章已建立的模型预测不同水氮处理下番茄干物质生产及分配,得到如下结论:

(1)通过已拟合累积辐热积和干物质总量关系式,得知番茄干物质总量受辐热积、水分、氮素影响较大,而干物质在地上部、根系及地上部各器官的分配指数只随辐热积变化,不随灌水量和施氮量发生显著的变化。

(2)运用番茄耗水量、累积辐热积、经验公式和经验系数(a_p 和 b_p)得到的干物质生产及分配模型,通过该模型估算的不同水氮处理下番茄茎、叶、果实和根系干物质的预测值和实测值拟合度较高,其绝对误差为 0.17～2.96 克/株,均方根误差为 0.22～3.11 克/株,决定系数为 0.82～0.89,可以用该模型预测各水氮处理下温室番茄各器官的干物质生产及分配。

C 第6章 临界氮稀释曲线模型的模拟及验证

Chapter 6

西北地区设施蔬菜栽培种植规模发展迅速,传统的肥大水勤仍然是主要的水肥管理方式,氮肥过量施用的现象比较普遍。过量施氮不仅使蔬菜产量降低,还会导致土壤硝态氮积累,引发土壤次生盐渍化(高兵等,2008;郭文忠等,2004)。临界氮浓度是指在一定的生长时期内获得最大生物量时的最小氮浓度值(Ziadi et al.,2008),明确番茄不同生育阶段的临界氮浓度是科学诊断植株氮营养状况,实现各生育阶段氮肥合理施用的基础。

为了准确地确定作物不同生育期阶段的临界氮浓度,Greenwood 等(1990)在 1990 年提出了关于 C_3、C_4 作物临界氮浓度与地上部生物量关系的通用模型,后经 Lemaire 和 Gastal 等(1990)大量试验,修正了其中的参数,提出了关于 C_3、C_4 作物的新模型($N_c = a\mathrm{DM}^{-b}$,其中,N_c 为临界氮浓度,DM 为作物地上部的干物质(Dry Matter,DM),参数 a 代表作物干物质为 1 t 时的临界氮浓度(Lemaire et al.,2007),参数 b 代表临界氮含量的下降特性(Gastal and Lemaire,2002)。该模型是基于多个试验平均得到的结果,供试作物不能代表所有作物。近年来国内外学者进行的临界氮浓度稀释模型研究主要集中在棉花(王子胜等,2012)、小麦(Jørgen et al.,2002;强生才等,2015)、番茄(王新等,2013;杨慧等,2015)、高粱(an Oosterom and Carberry,2001)、玉米(李正鹏等,2015;强生才等,2015)等作物,均表明临界氮浓度稀释曲线模型可较好地描述地上部生物量与氮浓度的关系,但由于试验地及供试作物等因素不同,导致了模型参数有较大的差异,因此需要根据实际情况对模型参数进行校正。

根据临界氮浓度稀释曲线，Lemaire 等（2008）定义了氮营养指数（Nitrogen Nutrition Index，NNI），即地上部实测氮浓度和临界氮浓度的比值。NNI＝1 表明作物体内氮素营养合适，NNI＞1 表明氮营养过剩，NNI＜1 表明氮营养不足。强生才等（2015）构建了不同降雨年型下，所构建的夏玉米临界氮稀释曲线模型表明，降雨量不同，其模型参数也不同。杨慧等（2015）构建了不同水分条件下温室番茄临界氮稀释曲线模型，在高水条件下，所有施氮处理 NNI 均小于 1；中水条件下低氮处理 NNI 均小于 1，高氮处理时 NNI 均大于 1，中氮处理 NNI 接近 1。因此不同水分处理下临界氮稀释曲线模型和适宜的施氮量有较大的差别。为了提高临界氮浓度稀释曲线模型在不同水分处理的适用性。本研究通过 2013—2015 年对温室番茄在充分灌水和非充分灌水条件下实施 3 个氮素处理的温室番茄试验，建立了基于不同水分状况的温室番茄临界氮稀释曲线模型、氮素吸收和氮素营养指数模型，旨在为不同灌水条件下番茄氮素合理利用、氮素营养状况的诊断及氮素优化管理提供理论依据。

6.1 临界氮稀释浓度曲线模型的建立和验证

6.1.1 临界氮稀释浓度曲线模型的建立

根据 Justes 等（1994）提出的临界氮浓度的定义及计算方法，综合薛晓萍（2006）、梁效贵等（2013）、王新等（2013）和杨慧等（2015）关于棉花、夏玉米和番茄临界氮浓度稀释曲线模型的建模思路。本书临界氮浓度稀释曲线模型的构建方法如下：

（1）对比分析不同氮水平下每次取样地上部生物量及相对应的氮浓度值，通过方差分析对作物生长受氮素营养限制与否的氮素水平进行分类；

（2）对于施氮量不能满足作物生长所需氮素的情况下，其地上部生物量与氮浓度值间的关系以线性曲线拟合；

（3）对于生长不受氮素影响的施氮水平下的作物，其地上部生物量的平均值用以代表生物量的最大值；

（4）每次取样日的理论临界氮浓度由上述线性曲线与以最大生物量为横坐

标的垂线的交点的纵坐标决定。

依据 Lemaire 和 Salette 等(1987)提出的临界氮浓度与地上部生物量关系的方程式,临界氮浓度稀释曲线模型为:

$$N_c = a\,DW^{-b} \tag{6-1}$$

式中, N_c——临界氮浓度值;

a——当加工番茄地上部生物量为 $1\ t/hm^2$ 时植株的临界氮浓度;

DW——加工番茄地上部生物量的最大值,t/hm^2;

b——决定临界氮浓度稀释曲线斜率的统计学参数。

6.1.2 氮素吸收模型的构建

番茄植株的氮吸收量(N_{upt}, kg/hm^2)与累积的地上部最大生物量(DW, t/hm^2)之间的关系可用公式(6-2)表示:

$$N_{upt} = 10 N_c DW \tag{6-2}$$

将(6-1)式带入(6-2)式得到番茄临界氮吸收模型:

$$N_{uptc} = 10a\,DW^{1-b} \tag{6-3}$$

式中, N_{uptc}——临界氮吸收量,kg/hm^2;

$1-b$——生长参数,氮相对吸收速率与地上部生物量累积速率之比。

6.1.3 氮素营养指数(NNI)模型的构建

为了进一步明确作物的氮素营养状况,Lemaire 等(1987)提出了氮素营养指数(Nitrogen Nutrition Index,NNI)的概念,可用公式(6-4)来表示:

$$NNI = N_t / N_c \tag{6-4}$$

式中, NNI——氮素营养指数;

N_t——地上部生物量氮浓度的实测值,$g/100\ g$;

N_c——根据临界氮浓度稀释曲线模型求得的在相同的地上部生物量时的氮浓度值,$g/100\ g$。

NNI 可以直观地反映作物体内氮素的营养状况:NNI=1,氮素营养状况最为适宜;NNI>1,表现为氮素营养过剩;NNI<1,表现为氮素营养亏缺。

6.1.4　不同水氮处理下植株氮素含量

不同水氮处理下番茄植株氮素含量变化过程如图 6-1 所示。由图 6-1 可以得知,番茄植株氮素含量随时间推进呈逐渐减小的趋势,在番茄拉秧时(DAT=150)达到最小值,为 1.43～1.96 g/100 g;非充分灌水和充分灌水时,番茄植株氮素含量变化范围为 1.43～3.49 g/100 g,番茄植株单数含量随施氮量的增加呈增加的趋势;施氮量相同时,增加灌水量也可以增加植株氮素含量。以上结果表明增加施氮量和灌水量均可以增加番茄植株氮素含量。

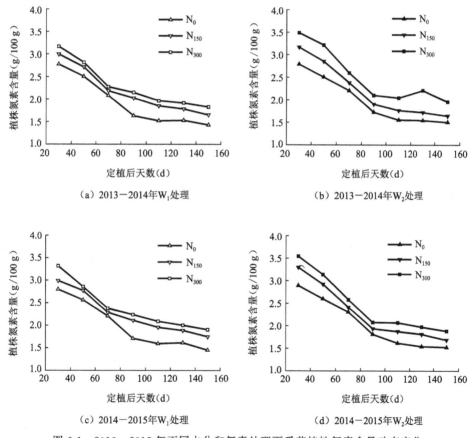

（a）2013－2014年W₁处理　　　　（b）2013－2014年W₂处理

（c）2014－2015年W₁处理　　　　（d）2014－2015年W₂处理

图 6-1　2013—2015 年不同水分和氮素处理下番茄植株氮素含量动态变化

6.1.5 临界氮浓度稀释模型常数的确定

由于 2013—2014 年试验中在定植 30 d 时的各处理地上部生物量均小于 1 t/hm²，干物质量较小，粉碎后的样品无法测定氮含量，故舍去此数据。利用 Justes 等(1994)所描述的方法，分别将 2013—2014 年充分灌水和亏水处理时不同氮肥处理下番茄地上部生物量和对应的氮浓度进行分析，得到各取样日的临界氮浓度。根据地上部生物量及对应的临界氮浓度，建立番茄临界氮浓度稀释曲线，如图 6-2 所示。不同水分处理下临界氮浓度稀释曲线的决定系数分别为 0.98 和 0.92，其拟合度达到极显著水平，表明该模型在不同水分状况下均可以较好地反映番茄临界氮浓度和地上部生物量之间的关系。

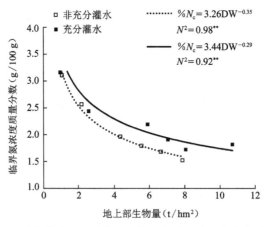

图 6-2　不同水分处理下番茄地上部生物量的临界氮浓度稀释曲线

6.1.6 不同水分处理下模型常数的确定

不同水分处理会影响作物发育和干物质累积(Nash 和 Sutcliffe，1970)，进而影响植株体的氮素吸收。本研究表明不同水分处理下温室番茄临界氮浓度稀释曲线，与前人(杨慧等，2015)研究结果拟合得到的临界氮浓度稀释曲线参数 a 和 b 均有所不同，如表 6-1 所示。由于杨慧等的研究试验条件与本试验较为接近，因此可以共同分析临界氮浓度稀释曲线参数与番茄全生育期地上部潜在干物质量的关系，研究临界氮稀释模型在不同水分状况下的适应性。通过拟合可以看

出参数 a 和 b 与地上部潜在干物质量（DW_{max}）有较好的相关性，决定系数分别为 0.80 和 0.78，均达到显著水平，如图 6-3 所示。

表 6-1　番茄临界氮稀释曲线参数差异

种植条件	a	b	DW_{max}（克/株）	来　源
盆栽番茄	1.14	0.43	217.30	杨慧等
	1.512	0.303	246.49	
	1.31	0.373	247.83	
温室番茄	3.26	0.35	188.71	本研究
	3.44	0.29	261.20	

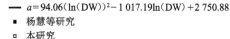

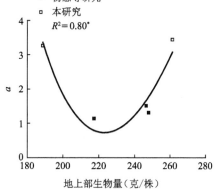

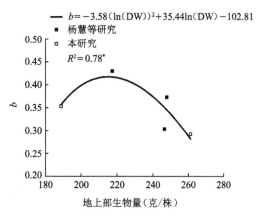

图 6-3　临界氮稀释模型各参数与地上部潜在干物质量之间拟合关系

注：* 表示 P 在 0.05 水平上相关性显著

6.1.7 临界氮稀释模型的验证

运用2014—2015年试验数据对临界氮浓度进行估算,其步骤如下:通过不同水分处理下全生育期地上部潜在生物量与图 6-3 所示公式计算得到参数 a 和 b,进而将2014—2015 年实测干物质数据点和参数 a 和 b 分别代入式(6-3)中计算临界氮浓度模拟值,将临界氮浓度模拟值与实测值进行比较,结果如图 6-4 所示。由图 6-4 可以看出通过图 6-3 所示公式计算和不同水分处理下地上部潜在生物量模拟得到的临界氮浓度与实测值之间有较好的一致性,非充分灌水和充分灌水下 MAE 分别为 0.17 和 0.22 g/100 g,RMSE 分别为 0.19 和 0.25 g/100 g,R^2 分别为 0.97 和 0.95($P<0.01$),因此可以运用该方法模拟不同水分处理下临界氮浓度稀释曲线。

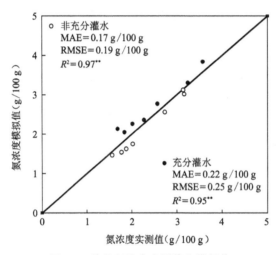

图 6-4　临界氮浓度实测值和模拟值

6.2 不同水分处理时氮素吸收模型的番茄适宜施氮量分析

图 6-5 为不同水分和氮素处理下番茄氮素吸收量及临界氮吸收量随时间动态变化。由图 6-5 可知,随着施氮量的增加植株氮吸收量呈现增加的趋势。非充分灌水处理时,N_0 处理氮素吸收量始终小于临界氮素吸收量;N_{150} 和 N_{300} 在追施氮素之前(DAT<70d)氮素吸收量与临界氮素吸收量较为接近,此时氮素需

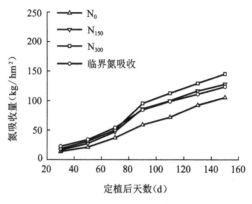

（a）2013－2014年W_1处理

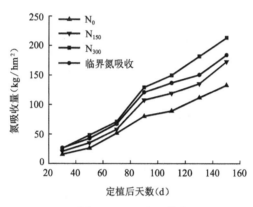

（b）2013－2014年W_2处理

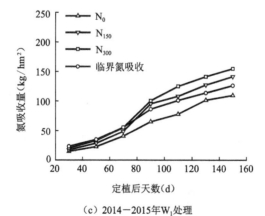

（c）2014－2015年W_1处理

图 6-5　不同水分和氮素处理番茄氮吸收量动态变化

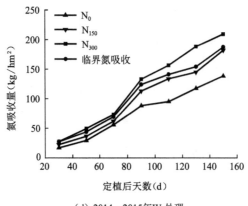

（d）2014—2015年W₂处理

图 6-5（续）　不同水分和氮素处理番茄氮吸收量动态变化

求量和供应量较为接近；追施氮素后，N₁₅₀ 和 N₃₀₀ 处理氮吸收量逐渐高于临界氮吸收量，此时施加的氮素已经超过了植株能吸收的氮素水平，且 N₁₅₀ 处理氮吸收量与临界氮吸收量较为接近，因此非充分灌水时，施氮量以 N₁₅₀ 较为适宜。充分灌水处理时，N₀ 和 N₁₅₀ 处理氮素吸收量始终小于临界氮素吸收量，N₃₀₀ 处理在追施氮素之前（DAT<70 d）氮素吸收量与临界氮素吸收量较为接近，追施氮素后，N₃₀₀ 处理氮吸收量逐渐高于临界氮吸收量，临界氮吸收量曲线在 N₁₅₀ 和 N₃₀₀ 处理之间，因此充分灌水时，施氮量以 N₁₅₀～N₃₀₀ 较为适宜。比较非充分灌水和充分灌水处理氮吸收曲线时发现，施氮量相同时，与非充分灌水处理相比，充分灌水处理增加了植株氮素吸收量，水分促进植株对氮素的吸收，可以在一定程度上缓解施氮量太多对植株生长的抑制。

6.3 不同水分处理下番茄各生育期氮营养指数变化分析

氮素营养指数（NNI）作为实际植株含氮量与临界含氮量的比值，可以直观地反映作物体内氮素的营养状况：NNI=1，氮素营养状况最为适宜；NNI>1，表现为氮素营养过剩；NNI<1，表现为氮素营养亏缺。图 6-6 为根据公式（6-3）计算所得的不同水分和氮素处理下番茄氮营养指数NNI的动态变化。由图6-6可

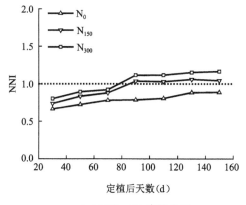

（a）2013—2014年W₁处理

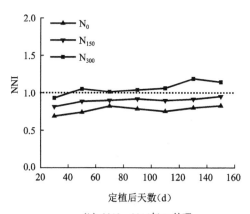

（b）2013—2014年W₂处理

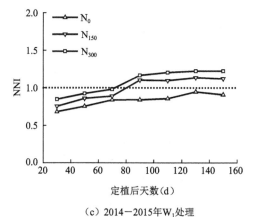

（c）2014—2015年W₁处理

图 6-6　2013—2015 年不同水分和氮素处理番茄氮素营养指标动态变化

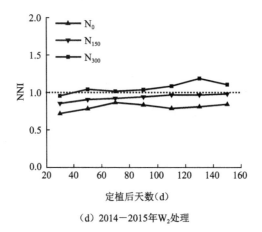

(d) 2014－2015年W$_2$处理

图 6-6(续)　2013—2015 年不同水分和氮素处理番茄氮素营养指标动态变化

以看出无论是充分灌水还是非充分灌水情况下,NNI 都随施氮量的增加而增加,其值范围为 0.66～1.19。定植后 70 d 后番茄开始开花,此时营养生长和生殖生长旺盛,植株对氮素的需求量较大,各处理间 NNI 的差距增大,此时开始追施氮肥来满足植株对氮素的需求。非充分灌水时,N$_0$ 处理下全生育期 NNI 均小于1;随着追施氮素的增加,N$_{150}$ 和 N$_{300}$ 处理下番茄在定植 90 d 后 NNI 均大于 1,且N$_{150}$ 处理的 NNI 较为接近 1。这表明非充分灌水处理时,N$_0$ 和 N$_{300}$ 处理下因为氮素不足或者氮素太多植株的生长会受抑制,适宜的施氮量应该在 0 kg/hm^2 和150 kg/hm^2 之间。充分灌水处理时,N$_0$ 和 N$_{150}$ 处理下全生育期 NNI 始终小于1,不能满足植株对氮素的需求,N$_{300}$ 处理下 NNI 小于或在 1 附近波动,表明此时施氮量较为合适。施氮量相同时,与非充分灌水处理相比,充分灌水处理增加了NNI,表明水分促进植株对氮素的吸收,可以一定程度上缓解施氮量太多对植株生长的抑制。

6.4 氮营养指数与相对氮累积量和相对地上部生物量之间的关系

前人(梁效贵等,2013)已经评价了氮营养指数(NNI)和相对氮积累量(RN$_{upt}$)、相对地上部生物量(RDW)之间良好的相关关系。本书在不同水分处理下将各取样日 NNI 和 RN$_{upt}$、RDW 进行拟合,如图 6-7 和图 6-8 所示。由图 6-7 和图 6-8 可以看出相对氮积累量和相对地上部生物量均表现随 NNI 的增加而增加,RN$_{upt}$ 和 NNI、RDW 和 NNI 均表现显著或极显著线性相关关系,决定系数为 0.74~0.99。因此利用 NNI 评价不同水分处理下温室番茄氮营养状况的方法是可靠的。

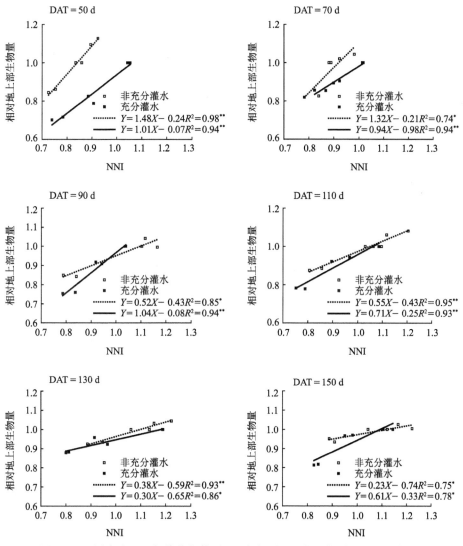

图 6-7　不同水分处理氮营养指数(NNI)与相对地上部生物量(RDW)的关系

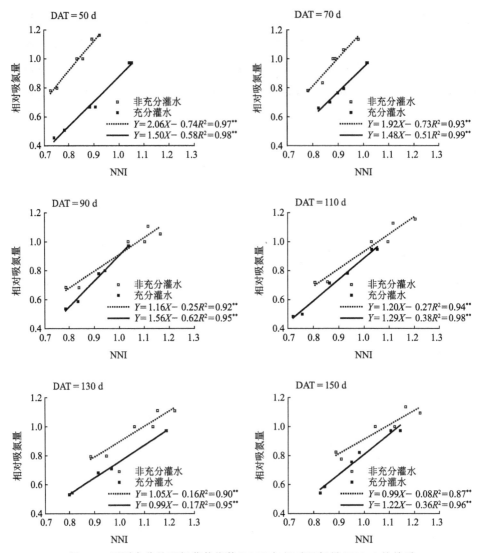

图 6-8 不同水分处理氮营养指数（NNI）与相对吸氮量（RN_{upt}）的关系

6.5 不同水分处理下施氮对番茄产量的影响

图 6-9 为不同灌水处理时增加施氮量对番茄产量的影响。由图 6-9 可以看出非充分灌水时，与 N_0 处理相比，N_{150} 和 N_{300} 处理下番茄产量显著增加了 17.2%～35.6%，且 N_{150} 和 N_{300} 处理之间无显著差异；充分灌水时，番茄产量随

施氮量的增加呈显著增加的趋势,与 N_0 处理相比,N_{300} 处理下产量显著增加了
51.8%～58.4%。由此可以看出,不同灌水处理下施氮对番茄产量增加的幅度
不同;非充分灌水处理时,施氮量增加到 150 kg/hm² 后继续增加施氮量不会显
著影响番茄产量;而充分灌水处理时,番茄产量随施氮量增加呈显著增加的趋
势。因此不同水分处理下存在不同的临界氮素吸收量,且充分灌水处理临界吸
收量大于非充分灌水处理临界吸收量。

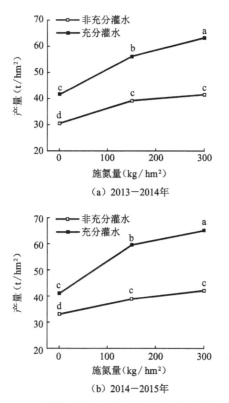

图 6-9　不同灌水处理下施氮对番茄产量的影响

　　作物产量在一定范围内与灌水量呈正相关关系,当灌水量增加到一定值后,
产量的增幅变小或不增产。水肥交互作用有一定的阈值,低于阈值,增加水肥投
入增产效果明显;高于阈值,增产作用不大(石小虎,2013)。本研究表明非充分
灌水处理时,施氮量的阈值为 150 kg/hm²;施氮量低于 150 kg 时,增加施氮量可
以有效增加番茄产量;当施氮量高于 150 kg/hm² 时,增加施氮量不会显著增加

番茄产量,而过多的氮素导致土壤氮素残留,造成土壤盐渍化,降低了植株对氮素的利用效率(Caloin 和 Yu,1984)。充分灌水处理时,由于番茄产量一直随施氮量的增加而显著增加,根据石小虎等(2013)研究表明充分灌水处理时,施氮量超过 300 kg/hm² 时,增加施氮量不会显著增加番茄产量,因此充分灌水处理下施氮量的阈值为 300 kg/hm²,且施氮量小于 300 kg/hm² 时,增加施氮量可以显著增加番茄产量。不同水分处理下施氮量的阈值不同,可能的原因是适宜的土壤水分能促进根系发育,扩大根系与土壤的接触面积(邢英英等,2015),有利于增加养分吸收量和矿物质养分通过质流及扩散作用而运输,从而提高作物吸收土壤矿物质养分的强度和数量,达到增加产量的目的。

6.6 不同水分处理下温室番茄临界氮浓度稀释曲线

水分和氮素作为影响植株生长的重要因素,不同水分和氮素处理影响作物发育和干物质累积,进而影响植株对氮素的吸收。杨慧等(2015)研究表明不同水分处理下临界施氮量也有所区别,高水处理下植株的临界氮浓度较大,灌水可以促进植株对氮素的吸收,得到临界氮稀释曲线模型参数 a 为 1.140~1.512,参数 b 为 0.303~0.413。本研究表明非充分灌水和充分灌水处理下番茄临界氮稀释曲线参数 a 分别为 3.26 和 3.44,b 分别为 0.35 和 0.29。

参数 a 代表当干物质为 1 t/hm² 时的植株氮含量,表征的是作物生育初期内在的需氮特性(Lemaire 等,2007)。在作物生长初期,作物幼小(DW<1 t/hm²),基本不存在对养分和光热资源的竞争,故采用氮浓度常数来代替(Wu et al.,2008)。随着植株的不断生长,植株体的含氮量逐渐降低(邢英英等,2015),出现了氮素的稀释现象。赵犇等(2012)研究表明由于作物品种不同植株吸收和同化氮的能力不同,参数 a 与作物品种蛋白质含量呈正相关关系。本研究表明充分灌水处理下临界氮稀释曲线参数 a 大于非充分灌水处理参数 a,灌水量直接影响临界氮稀释曲线参数 a。参数 a 与番茄全生育期地上部潜在干物质量(DW$_{max}$)有较好的相关关系,可以通过不同水分状况下番茄地上部潜在干物质量估算参数 a。然而强生才等(2015)以大田玉米为对象的研究表明,参数 a 的大小具有稳

定性,不会随降雨年型的改变而改变。可能的原因是不同作物品种对氮素的敏感性不同,温室番茄对水分和氮素的敏感性远远高于大田玉米,因此导致参数 a 随地上部潜在干物质量变化较大。

临界氮稀释曲线参数 b 描述的是植株氮含量随干物质增加而递减关系,其大小主要决定于氮素吸收量与干物质的关系,营养生长阶段植株含氮量的下降主要归因于结构性和非光合性组织的增加(Lemaire and Gastal,1997)。强生才等(2015)研究表明根系加大了植株对土壤氮素的利用,从而减缓了植株氮含量的稀释过程,最终导致参数 b 明显偏小。本研究也表明充分灌水处理下参数 b 小于非充分灌水处理下的参数 b,且参数 b 与番茄地上部潜在生物量有较好的相关性,水分影响着植株对氮素的吸收和植株地上部的生长,进而影响植株氮素的吸收和稀释。本书建立的基于地上部潜在干物质量的参数 a 和 b 预测方法可以较为有效地估算出不同水分下临界氮浓度稀释曲线,与实测值相比,其绝对误差为 $0.17\sim0.22$ g/100 g,均方根误差为 $0.19\sim0.25$ g/100 g,绝对系数为 $0.95\sim0.97$,可以通过该方法实现模型估算的普适性。

6.7 温室番茄不同水分处理 NNI 氮营养诊断

准确有效地诊断植株氮素营养是合理施肥的基础。Meynard 等(1992)研究发现,NNI 不仅可以诊断作物生育期中植株氮素营养状况,还可以量化作物受氮胁迫的强度。杨慧等(2015)利用氮素营养指数对番茄各生育期营养状况进行诊断,发现番茄的 NNI 变化范围为 $0.62\sim1.28$。本研究表明非充分灌水下,DAT <70 d 时,NNI 均小于1;DAT >70 d 后随着施氮量的增加,N_{150} 和 N_{300} 处理下 NNI 大于1,植株氮素吸收量大于临界氮素吸收量,且 N_{150} 处理植株吸氮量与临界吸氮量最为接近,可以作为非充分灌水条件下适宜的施氮量;而 N_{300} 处理植株吸氮量远大于临界吸氮量,过多的施氮量造成了氮素的大量浪费;不施氮处理(N_0)各生育期 NNI 均小于1,植株吸氮量均小于临界吸氮量,此时土壤供给植株的氮素满足不了植株的吸收,影响植株的生长。充分灌水下,DAT <70 d 时,NNI 均小于1;随着施氮量的增加,N_{300} 处理 NNI 大于1,氮素吸收量大于临界氮

素吸收量,且 N_{300} 处理植株吸氮量与临界吸氮量最为接近,可以作为充分灌水条件下适宜的施氮量;然而 N_0 和 N_{150} 处理各生育期 NNI 均小于 1,植株吸氮量均小于临界吸氮量。因此不同水分处理下番茄适宜的施氮量不同,增加灌水量可以增加适宜施氮量,进而通过增加植株干物质量和吸氮量来影响番茄产量。

6.8 小结

本书依据 2013—2015 温室番茄不同灌水处理下 3 个氮素水平的试验数据,构建了不同水分处理下番茄地上部临界氮浓度稀释曲线(非充分灌水:$N_c = 3.26DW^{-0.35}$;充分灌水:$N_c = 3.44DW^{-0.29}$),结果表明:

(1)番茄临界氮浓度与采样日地上部最大生物量之间符合幂指数关系;曲线参数 a、b 与番茄全生育期地上部潜在干物质量呈较好的相关关系,因此可以根据番茄全生育期地上部潜在干物质量来估算不同水分处理下番茄临界氮浓度稀释曲线。

(2)基于临界氮浓度构建的氮素吸收和氮营养指数对番茄氮素营养状况诊断结果一致,非充分灌水处理时施氮量以 150 kg/hm² 最优,充分灌水处理时施氮量以 300 kg/hm² 最优,得出西北地区温室番茄种植不同水分管理下的适宜施氮量范围在 150~300 kg/hm² 之间。

(3)根据施氮量与产量的关系,得到非充分灌水时施氮量的阈值为 150 kg/hm²,充分灌水处理时施氮量的阈值为 300 kg/hm²,与得到的适宜的施氮量结果一致。

第7章

C

Chapter 7

水氮耦合对番茄叶面积指数和叶片 SPAD 值的模拟研究

叶片是植株-大气能量和物质交换的主要器官(Peri et al.,2003)。叶面积指数是决定作物冠层太阳辐射截获能力的重要参数之一,直接影响了作物冠层的光合作用和呼吸作用。水分和氮素作为影响作物光合作物的主要因素,进而影响株高、茎粗和叶面积形成的动态变化。因此作物形态的动态变化可判别作物根区土壤水分和养分状况是否良好。

SPAD 仪是一种便携式光谱仪,用来间接诊断植物叶片的叶绿素含量(Markwell et al.,1995)。而叶片叶绿素含量与叶片氮含量又有密切的关系(Hallik et al.,2009),可以通过叶片 SPAD 值预测氮含量(Esfahani et al.,2008)。目前 SPAD 仪被广泛应用于监管作物氮素含量和实时追肥(Huang et al.,2008; Khurana et al.,2007),进行实时地施氮管理,取得了较好的效果(Huang et al., 2008)。然而,在实际应用中,SPAD 值易受作物的品种、冠层叶片所处的位置、叶片的测定点、叶片厚度和生态环境等因素的影响,稳定性较差(Bullock and Anderson,1998)。本章通过研究番茄不同叶位叶片的 SPAD 值的分布规律,以及不同叶位叶片 SPAD 值与叶片氮含量之间的相关关系,进一步确定不同生育时期适合的测定叶位。

7.1 不同水氮处理下番茄叶面积指数(LAI)动态变化

不同水氮处理下番茄叶面积指数随累积辐热积变化趋势如图 7-1 所示。由图 7-1 可以得知,番茄叶面积指数随辐热积的增加呈先增加后减小的变化趋势,在 DAT＝110 d 时各处理下叶面积指数均达到最大值,为 3.81～4.22。非充分灌水 (W_1)时,番茄叶面积指数变化范围为 1.18～3.81,番茄叶面积指数随施氮量的增加呈增加的规律,N_{150} 和 N_{300} 处理下叶面积指数显著高于 N_0 处理下叶面积指数,且 N_{150} 和 N_{300} 处理之间无显著差异。充分灌水 (W_2)时,番茄叶面积指数变化范围为 1.19～4.22,番茄叶面积指数随施氮量的增加呈显著增加的趋势。这表明充分灌

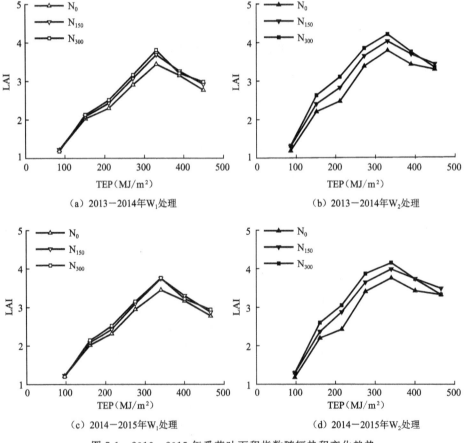

（a）2013—2014年W_1处理 　　　　　（b）2013—2014年W_2处理

（c）2014—2015年W_1处理 　　　　　（d）2014—2015年W_2处理

图 7-1　2013—2015 年番茄叶面积指数随辐热积变化趋势

水（W_2）时，增加施氮量有显著增加番茄叶面积指数的效应；而非充分灌水（W_1）时，施
氮量增加到一定量（150 kg/hm²）后继续增加施氮量时不会显著增加番茄叶面积指
数。施氮量相同时，充分灌水处理下番茄叶面积指数显著高于非充分灌水处理下番
茄叶面积指数，表明增加灌水量可以显著增加番茄叶面积指数，促进番茄叶片的生长。

7.2　叶面积指数与辐热积的关系

7.2.1　相对叶面积指数和相对辐热积的相关关系

将 2013—2015 年不同水氮处理下番茄叶面积指数和辐热积分别进行归一
化处理，如图7-2所示。由图7-2可以看出，相对叶面积指数（RLAI）随相对辐热

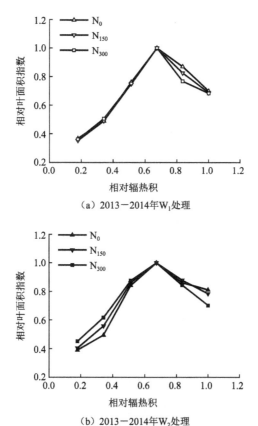

（a）2013—2014年W_1处理

（b）2013—2014年W_2处理

图 7-2　2013—2015 年不同处理相对叶面积指数随相对辐热积的变化

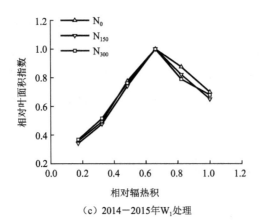

（c）2014—2015年W_1处理

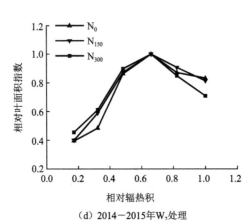

（d）2014—2015年W_2处理

图 7-2（续） 2013—2015 年不同处理相对叶面积指数随相对辐热积的变化

积（RTEP）呈先增加后减少的变化趋势。

将 2013—2014 年番茄相对叶面积指数和相对辐热积进行非线性拟合，如图 7-3 所示。由图 7-3 可以看出 2013—2014 年不同灌水量时番茄相对辐热积与相对叶面积指数呈显著二次相关关系，R^2 为 0.85～0.88。

7.2.2 叶面积指数的模拟

图 7-4 为利用 2014—2015 年的数据和图 7-3 所示公式模拟得到的番茄叶面积指数模拟值和实测值的对比结果。由图 7-4 可以看出，不同水分处理番茄叶面积模拟值和实测值有较好的一致性，其绝对误差（MAE）为 0.13～0.14，均方根误差（RMSE）为 0.16～0.17，决定系数（R^2）为 0.95～0.97，说明可以利用辐热

积准确模拟叶面积指数。

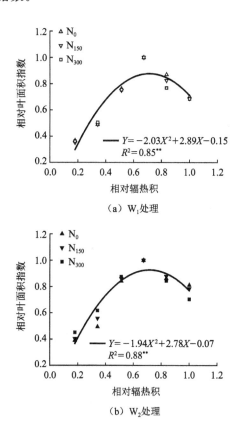

（a）W$_1$处理

（b）W$_2$处理

图 7-3　2013—2014 年不同处理下番茄相对叶面积指数与相对辐热积的关系

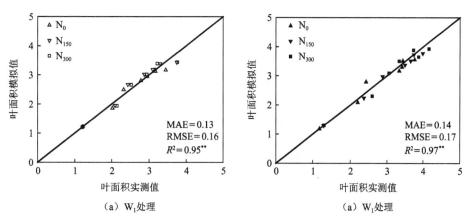

（a）W$_1$处理

（a）W$_1$处理

图 7-4　2014—2015 年各处理下番茄叶面积模拟值和实测值

番茄各生育期叶面积指数与番茄产量及构成因素有一定的相关性(表 7-1)。由表 7-1 可以看出番茄各生育期叶面积指数与番茄产量和单果重呈极显著正相关关系(R^2 为 0.808～0.912)，番茄各生育期叶面积指数与单果数无显著相关关系。

表 7-1　不同生育期叶面积指数和产量之间的相关系数

指　标	产量及构成因素		
	单果数	产　量	产　量
苗　期	0.312	0.808**	0.826**
开花期	0.301	0.912**	0.892**
成熟期	0.273	0.857**	0.811**

注：** 表示在 0.01 水平上相关性极显著。

7.3　不同水氮处理下番茄叶片 SPAD 值动态变化

图 7-5 为不同水氮处理下番茄不同叶位 SPAD 值随辐热积的变化趋势。由图 7-5 可以看出，番茄不同叶位 SPAD 值随辐热积的增加呈先增加后减小的变化趋势，在 DAT=110 d 时各处理下不同叶位 SPAD 值均达到最大值，为 60.3～62.9；随后番茄叶片开始老化，不同叶位 SPAD 值开始下降。非充分灌水时，番茄不同叶位 SPAD 值变化范围为 23.1～60.3；番茄不同叶位 SPAD 值随施氮量的增加呈增加的规律，N_{150} 和 N_{300} 处理下不同叶位 SPAD 值显著高于 N_0 处理下不同叶位 SPAD 值，且 N_{150} 和 N_{300} 处理之间无显著差异。充分灌水时，番茄不同叶位 SPAD 值变化范围为 23.7～62.9，番茄不同叶位 SPAD 值随施氮量的增加呈显著增加的趋势。上述结果表明充分灌水时，增加施氮量有显著增加番茄不同叶位 SPAD 值的效应，而非充分灌水时，施氮量增加到一定量(150 kg/hm²)后继续增加时不会显著增加番茄不同叶位 SPAD 值。施氮量相同时，充分灌水处理下番茄不同叶位 SPAD 值显著高于非充分灌水处理下番茄不同叶位 SPAD 值，表明增加灌水量可以显著增加番茄 SPAD 值，且各处理下中位叶 SPAD 值显著高于上位叶和下位叶 SPAD 值。

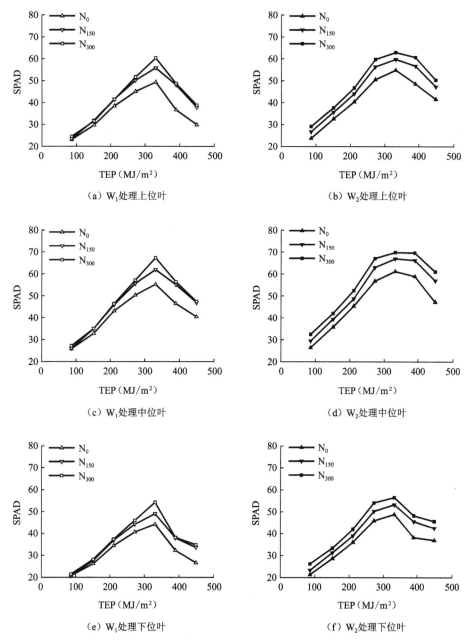

图 7-5　2013—2014 年番茄不同叶位 SPAD 值随辐热积变化趋势

7.4 番茄叶片 SPAD 值与辐热积的关系

分别将 2013—2014 年番茄不同叶位 SPAD 值和累积辐热积进行归一化处理,并将不同叶位相对 SPAD 值(RSPAD)和相对辐热积(RTEP)进行拟合,如图 7-6 所示。由图 7-6 可以看出 2013—2014 年不同灌水处理下番茄不同叶位相对 SPAD 值和相对辐热积呈显著二次相关关系,R^2 为 $0.82 \sim 0.95(P < 0.01)$。

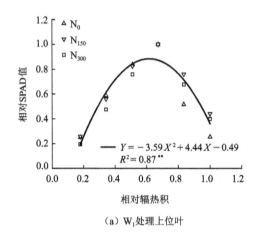

(a) W_1 处理上位叶

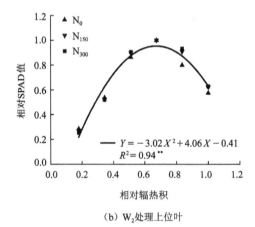

(b) W_2 处理上位叶

图 7-6 2013—2014 年不同处理下不同叶位相对 SPAD 值与相对辐热积的关系

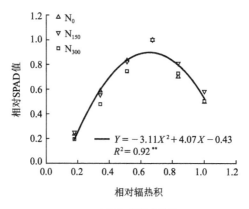

（c）W₁处理中位叶

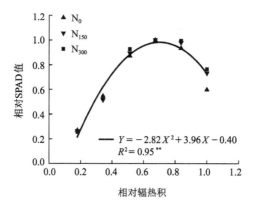

（d）W₂处理中位叶

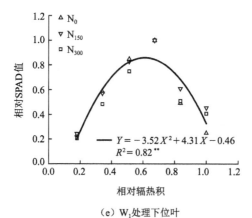

（e）W₁处理下位叶

图 7-6（续）　2013—2014 年不同处理下不同叶位相对 SPAD 值与相对辐热积的关系

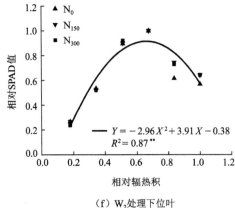

（f）W_2 处理下位叶

图 7-6（续）　2013—2014 年不同处理下不同叶位相对 SPAD 值与相对辐热积的关系

　　图 7-7 为利用 2014—2015 年的数据和图 7-6 所示公式所模拟得到的番茄不同叶位 SPAD 模拟值和实测值的对比结果。由图 7-7 可以看出，不同水分处理下番茄不同叶位 SPAD 模拟值和实测值有较好的一致性，其绝对误差（MAE）为 1.20～2.08，均方根误差（RMSE）为 1.46～2.72，决定系数（R^2）为 0.91～0.98，说明可以利用辐热积准确模拟叶面积指数。

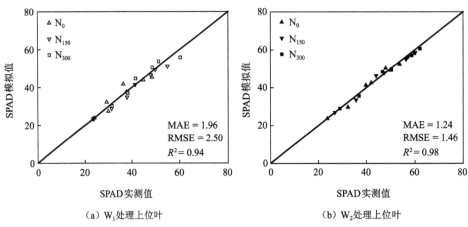

（a）W_1 处理上位叶　　　　　　　　　（b）W_2 处理上位叶

图 7-7　2014—2015 年番茄不同叶位 SPAD 模拟值和实测值

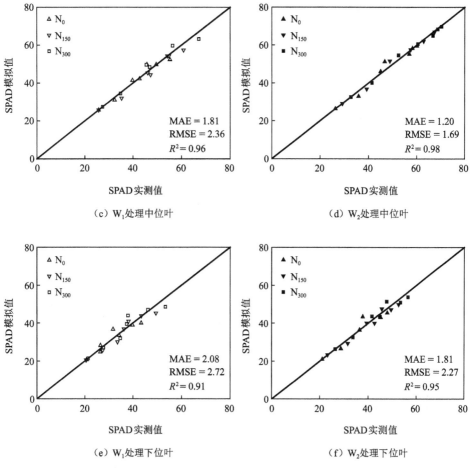

图 7-7(续)　2014—2015 年番茄不同叶位 SPAD 模拟值和实测值

7.5　不同生育期番茄叶片 SPAD 值和叶片氮含量之间的关系

图 7-8 为不同生育期叶片 SPAD 值与叶片氮含量(N_w)之间的相关关系。由图 7-8 可以看出,中位叶片 SPAD 值和 N_w 之间呈显著线性相关,决定系数(R^2)为 0.69~0.95。除 DAT＝30 d 外,中位叶片 SPAD 值和 N_w 之间的决定系数大于上位和下位叶片 SPAD 值和 N_w 之间的决定系数。图 7-9 为不同生育期 SPAD 值与 NNI 之间的相关关系。由图 7-9 可以看出,中位叶片 SPAD 值和 NNI 之间呈显著线性相关,决定系数(R^2)为 0.65~0.81,其决定系数大于上位

和下位叶片 SPAD 值和 NNI 之间的决定系数。这表明中位叶片受氮素的影响较大，叶片 SPAD 值和 N_w 值、NNI 均呈显著正相关关系，因此可以将中位叶片作为营养诊断的理想指示叶，可以通过 SPAD 值来判断施氮量是否过量。

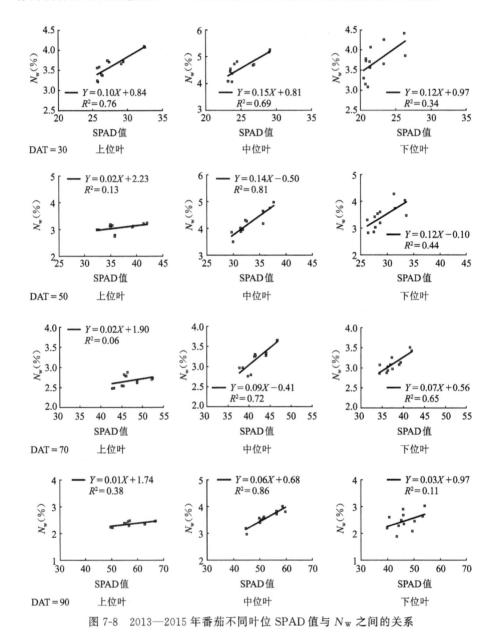

图 7-8　2013—2015 年番茄不同叶位 SPAD 值与 N_w 之间的关系

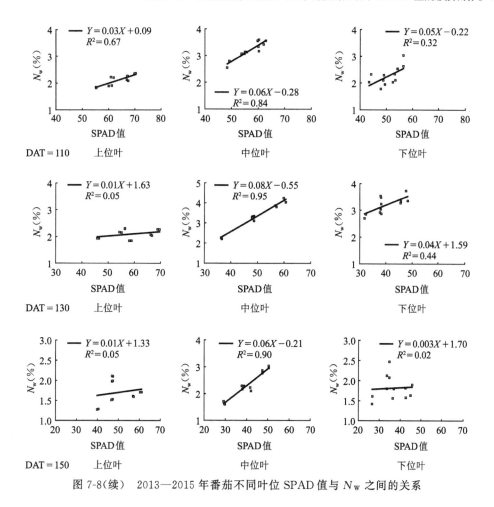

图 7-8(续) 2013—2015 年番茄不同叶位 SPAD 值与 N_w 之间的关系

　　SPAD 仪被普遍用于监测棉花(Wu et al.,1998)、小麦(Debaeke et al.,2006)和玉米(Singh et al.,2011)等多种作物的氮水平。Lin et al.(2010)和杨虎(2014)分别利用水稻冠层不同叶位叶片的 SPAD 差值和比值对植株叶片氮水平进行评估,达到了较好的效果。Hawkins 等(2007)利用相对 SPAD 值对玉米的氮水平进行评估。本研究表明不同水氮处理下番茄中位叶片 SPAD 值和叶片氮素含量达到显著相关,且相关系数高于上位和下位叶片 SPAD 值和叶片氮素相关系数。

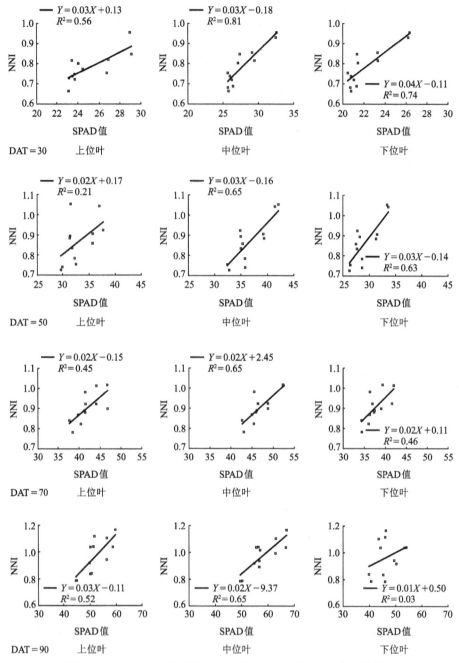

图 7-9　2013—2015 年番茄不同叶位 SPAD 值与 NNI 之间的关系

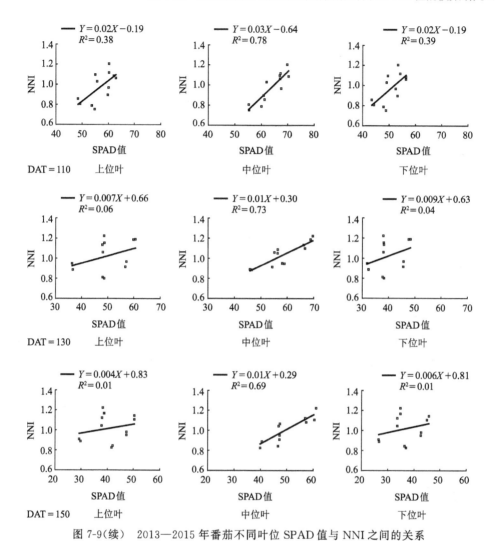

图 7-9（续）　2013—2015 年番茄不同叶位 SPAD 值与 NNI 之间的关系

　　将 SPAD 值和氮营养指数（Nitrogen nutrient index，NNI）之间的关系作为对作物氮水平进行监测一种新方法。SPAD 值与 NNI 之间的相关关系在玉米（Ziadi et al.，2008）和小麦（Prost and Jeuffroy，2007）等植物上被证实，且 Ziadi et al.（2008）和 Prost and Jeuffroy（2007）研究表明玉米和小麦叶片相对 SPAD 值与 NNI 之间存在非线性关系。Debaeke 等（2006）研究表明小麦叶片相对 SPAD 值与 NNI 之间的非线性关系受年份、品种和生育时期影响不显著。本研究表明番茄中位叶片 SPAD 值与 NNI 之间有显著正相关关系，可以运用中位叶 SPAD

值来预测 NNI。

7.6 小结

本书依据 2013—2015 年温室番茄不同灌水处理下 3 个氮素水平的试验数据,将不同水分处理下番茄叶面积指数和 SPAD 值与辐热积进行拟合,结果表明:

(1)将 2013—2014 年不同叶位 SPAD 值、SPAD 值和辐热积归一化后进行拟合得到其相关关系,相对 SPAD 值与相对辐热积呈显著二次相关关系,且利用 2014—2015 年验证了其相关关系的准确性。

(2)番茄各生育期叶面积指数与番茄产量和单果重呈极显著正相关关系(R 为 0.808~0.912),番茄各生育期叶面积指数与单果数无显著相关关系。

(3)将不同水氮处理不同叶位 SPAD 值与叶片氮含量、NNI 进行拟合得知,中位叶片 SPAD 值与叶片氮浓度和 NNI 之间的相关系数高于上位和下位叶片 SPAD 值与叶片氮浓度和 NNI 之间的相关系数,中位叶片对氮素较为敏感,可以作为监测氮素是否过量的理想叶片。

第8章 番茄抗氧化性对水氮处理的响应研究

　　设施农业在日照充足的西北地区得到了较快发展。番茄作为一种常见的温室作物,含有丰富的可溶性糖、维生素 C 和维生素 A 等营养物质。水分和肥料是影响番茄生长的主要因素,对番茄进行适当水分亏缺管理可以提高果实品质(提高可溶性固形物、有机酸及维生素 C 含量),但产量有所降低;而适当施肥可保持番茄产量,增加可溶性糖,降低有机酸含量,改变果实品质,因此适当的水氮处理可以在尽可能不减少产量的同时提高番茄品质(Patanè and Cosentino,2010;Zegbe et al.,2007;王峰等,2011;张国红等,2005;石小虎等,2013)。番茄 Vc、番茄红素及可溶性糖含量随肥料浓度的升高呈先增加后减少的趋势,番茄 Vc、可溶性蛋白及可溶性糖等含量随基质含水量的增加而降低(王鹏勃等,2015)。

　　植物在逆境(或衰老)下细胞遭受伤害,细胞内活性氧积累诱发膜脂过氧化反应。丙二醛(MDA)作为膜脂过氧化的产物,抑制细胞保护酶的活性和降低抗氧化物的含量(何淼等,2013;张明锦等,2015;芮海英等,2013)。植物为了更好地适应逆境生长,通过分泌超氧化物歧化酶(SOD)和过氧化物酶(POD)来保护自身免受活性氧的伤害(张文辉等,2004)。增加灌水量和施氮量可以有效缓解胁迫对植株的影响,消除过量的活性氧,减少植株丙二醛含量(刘小刚等,2014),缓解干旱和盐分胁迫,减轻自由基对细胞的伤害,提高功能叶中抗氧化酶活性,延缓植株衰老(Pernice et al.,2010)。林兴军(2011)在研究水肥对植株抗氧化性酶的影响时表明植株通过降低果实水分含量,增加可溶性糖和有机酸等指标提高渗透调节能力,从而降低水势,提高抗氧化酶活性共同抵御逆境胁迫。

8.1 水氮耦合番茄叶片的抗氧化性分析

8.1.1 水氮耦合叶片生理指标方差分析

表 8-1 为不同水氮处理对番茄叶片生理指标影响的显著性检验。由表 8-1 可以看出,番茄苗期时,水分作为单一因素对 SOD、MDA 和脯氨酸(Pro)含量有显著影响,氮素作为单一因素对叶片 SOD 含量影响显著,水氮交互作用对叶片 POD 有显著影响;番茄开花期时,水分作为单一因子对叶片 SOD、MDA 和 Pro

表 8-1　不同水氮处理对番茄叶片生理指标的显著性检验

变异来源	自由度	POD			SOD		
		苗　期	开花期	成熟期	苗　期	开花期	成熟期
Y	1	NS	NS	NS	NS	NS	NS
W	1	NS	NS	93.9**	105.7**	28.8*	94.3**
N	2	NS	NS	NS	33.1*	NS	34.5*
Y×W	1	NS	NS	NS	NS	NS	NS
Y×N	2	NS	NS	NS	NS	NS	NS
W×N	2	10.8**	39.5**	NS	NS	14.1**	NS
Y×W×N	2	NS	NS	NS	NS	NS	NS
变异来源	自由度	POD			SOD		
		苗　期	开花期	成熟期	苗　期	开花期	成熟期
Y	1	NS	NS	NS	NS	NS	NS
W	1	41.3*	81.5*	72.7**	75.9*	678.3**	82.4**
N	2	NS	NS	18.3**	NS	93.4*	NS
Y×W	1	NS	NS	NS	NS	NS	NS
Y×N	2	NS	NS	NS	NS	NS	NS
W×N	2	NS	NS	NS	NS	NS	NS
Y×W×N	2	NS	NS	NS	NS	NS	NS

注:* 表示在 0.05 水平上相关性显著;** 表示在 0.01 水平上相关性极显著。

含量有显著影响,氮素作为单一因子显著影响叶片 Pro 含量,水氮交互作用对叶片 POD 和 SOD 有显著影响;成熟期时,水分作为单一因子对叶片 POD、SOD、MDA 和 Pro 含量有显著影响,氮素作为单一因子对叶片 SOD 和 MDA 含量有显著影响。

由表 8-1 可以看出叶片不同生育期形态生理指标在不同年份之间有较好的重复性,下文主要取 2013—2014 年试验数据做进一步分析。

8.1.2　水氮耦合对叶片抗氧化性的影响

8.1.2.1　水氮耦合对番茄叶片过氧化物酶(POD)的影响

图 8-1a 为 2013—2014 年不同水氮处理对不同生育期番茄叶片过氧化物酶的影响。由图 8-1a 可以看出苗期时 POD 含量最低,为 $3.1 \sim 3.7$ $\mu g/(g \cdot min)$。随着植株衰老,成熟期时叶片 POD 含量最高,为 $5.2 \sim 7.0$ $\mu g/(g \cdot min)$。灌水量相同时,番茄各生育期 POD 含量随施氮量的减少而增加。N_{300} 处理下番茄 POD 含量最小,与 N_{300} 相比,N_0 处理下各生育期 POD 含量增加幅度最大。W_1 处理苗期、开花期和成熟期 POD 含量分别增加了 $2.4\% \sim 6.9\%$、$24.4\% \sim 26.1\%$ 和 $13.1\% \sim 14.6\%$,W_2 处理苗期、开花期和成熟期 POD 含量增加幅度分别为 $14.3\% \sim 16.3\%$、$3.7\% \sim 6.9\%$ 和 $8.6\% \sim 9.7\%$。施氮量相同时,番茄各生育期 POD 含量随灌水量的减小而增加,与 W_2 相比,N_0 处理下开花期和成熟期时减少灌水量番茄 POD 含量增加的幅度最大,分别为 $28.4\% \sim 28.6\%$ 和 $22.2\% \sim 24.2\%$;N_{300} 处理下苗期减少灌水量时番茄 POD 含量增加的幅度最大,为 $11.5\% \sim 14.4\%$。上述结果表明与 W_2 和 N_{300} 相比,减少施氮量和灌水量时,植株通过增加叶片抗氧化物酶含量来清理番茄植株因水分和氮素胁迫产生过多的活性氧。

8.1.2.2　水氮耦合对番茄叶片超氧化物歧化酶(SOD)的影响

图 8-1b 为 2013—2014 年不同水氮处理对不同生育期番茄叶片超氧化物歧化酶的影响。由图 8-1b 可以看出苗期时番茄叶片 SOD 含量最低,为 $1.9 \sim 2.4$ $U/(g \cdot min)$,随着植株衰老成熟期时叶片 SOD 含量最高,为 $3.2 \sim 4.5$ $U/(g \cdot min)$。灌水量相同时,番茄各生育期 SOD 含量随施氮量的增加而减少。N_{300} 处理下番茄吸氮量最小。与 N_{300} 相比,N_0 处理下各生育期 SOD 含量增加幅度最大。W_1 处理下各生育期 SOD 含量分别增加了 $6.2\% \sim 7.7\%$、$13.3\% \sim 15.7\%$ 和

15.9％～23.7％，W_2 处理下各生育期 SOD 含量增加幅度分别为 10.6％～11.4％、32.3％～35.2％和 14.4％～19.1％。施氮量相同时，番茄各生育期 SOD 含量随灌水量的增加而减少。与 W_2 相比，N_{300} 处理下苗期和开花期时减少灌水量番茄 SOD 含量增加的幅度最大，分别为 10.4％～12.0％和 30.4％～31.7％；N_0 处理下成熟期减少灌水量时番茄 SOD 含量增加的幅度最大，为 15.9％～21.6％。上述结果表明与 W_2 和 N_{300} 相比，减少施氮量和灌水量时，植株通过增加叶片超氧化物歧化酶含量来清理番茄植株因胁迫产生的过多的活性氧。

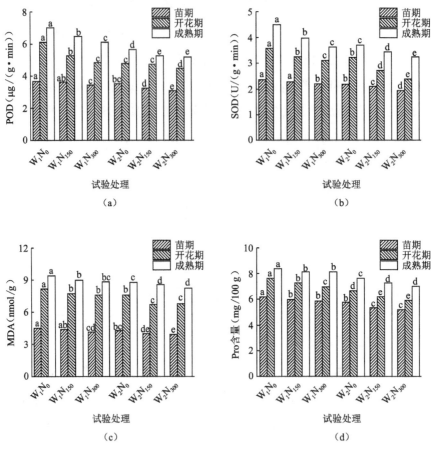

图 8-1　水氮耦合对番茄各生育期叶片生理指标的影响

注：W_1 和 W_2 分别表示非充分灌水和充分灌水处理；N_0、N_{150} 和 N_{300} 分别表示施氮量为 0、150 和 300 kg/hm² 处理。图中小写字母表示在同一生育期差异性显著。下同。

8.1.2.3 水氮耦合对番茄叶片丙二醛(MDA)含量的影响

图 8-1c 为 2013—2014 年不同水氮处理对不同生育期番茄叶片丙二醛含量的影响。由图 8-1c 可以看出苗期时叶片 MDA 含量最低,为 $3.9 \sim 4.7$ nmol/g;随着植株衰老、成熟期时叶片 MDA 含量最高,为 $8.3 \sim 9.8$ nmol/g。灌水量相同时,番茄各生育期 MDA 含量随施氮量的增加而减少,N_{300} 处理番茄吸氮量最小;与 N_{300} 相比,N_0 处理下各生育期 MDA 含量增加幅度最大;W_1 处理下各生育期 MDA 含量分别增加了 $8.1\% \sim 8.5\%$、$5.2\% \sim 7.7\%$ 和 $6.3\% \sim 6.6\%$,W_2 处理各生育期 MDA 含量增加幅度分别为 $6.2\% \sim 9.2\%$、$10.1\% \sim 12.1\%$ 和 6.3% $\sim 6.7\%$。施氮量相同时,番茄各生育期 MDA 含量随灌水量的增加而减少;与 W_2 相比,N_{300} 处理下苗期和成熟期时减少灌水量番茄 MDA 含量增加的幅度最大,分别为 $9.6\% \sim 13.7\%$ 和 $5.3\% \sim 9.3\%$;N_{150} 处理下开花期减少灌水量时番茄 MDA 含量增加的幅度最大,为 $11.7\% \sim 15.5\%$。上述结果表明与 W_2 和 N_{300} 相比,减少施氮量和灌水量时,番茄植株受到的胁迫加剧,番茄受活性氧伤害的程度增强,植株膜脂过氧化产物丙二醛含量增加,因此可以用丙二醛含量的高低来衡量植株受到逆境胁迫的程度(尹丽等,2012;刘小刚等,2014)。

8.1.2.4 水氮耦合对番茄叶片脯氨酸(Pro)含量的影响

图 8-1d 为 2013—2014 年不同水氮处理对不同生育期番茄叶片脯氨酸含量的影响。由图 8-1d 可以看出苗期时叶片 Pro 含量最低,为 $5.2 \sim 6.4$ mg/100 g;随着植株衰老,成熟期时叶片 Pro 含量最高,为 $7.0 \sim 8.4$ mg/100 g。灌水量相同时,番茄各生育期 Pro 含量随施氮量的增加而减少,N_{300} 处理番茄吸氮量最小;与 N_{300} 相比,N_0 处理下各生育期 Pro 含量增加幅度最大;W_1 处理下各生育期 Pro 含量分别增加了 $5.4\% \sim 5.6\%$、$9.2\% \sim 9.3\%$ 和 $3.4\% \sim 3.5\%$,W_2 处理下各生育期 Pro 含量增加幅度分别为 $6.0\% \sim 10.9\%$、$11.9\% \sim 12.3\%$ 和 $8.4\% \sim 8.6\%$。施氮量相同时,番茄各生育期 Pro 含量随灌水量的增加而减少;与 W_2 相比,N_0 处理下苗期时减少灌水量番茄 Pro 含量增加的幅度最大,分别为 $7.1\% \sim 14.9\%$;N_{150} 处理下开花期和成熟期减少灌水量时番茄 Pro 含量增加的幅度最大,为 $18.0\% \sim 22.9\%$ 和 $15.6\% \sim 15.8\%$。上述结果表明与 W_2 和 N_{300} 相比,减少施氮量和灌水量时,植株叶片脯氨酸含量增加,提高植株的渗透调节能力,增

加抗逆性,从而降低逆境对植株的伤害。

8.2 水氮耦合番茄根系的抗氧化性分析

8.2.1 水氮耦合对番茄根系形态生理特征的影响

2013—2015 年水分和氮素对番茄根系形态生理指标的响应有所不同(表 8-2)。由表 8-2 可以看出,水分作为单一因子对根系 POD、SOD、MDA、根系活力 (RC)和根长有显著影响,氮素作为单一因子对根系 MDA 含量、根系活力和根长有显著影响,水氮交互作用对 SOD 和根表面积有显著或极显著影响。通过水分和氮素对番茄根系形态生理指标影响的 F 值检验,可以看出水分对根系形态生理指标的影响大于氮素的影响。由表 8-2 可以看出番茄产量及构成因素、品质和根系形态生理指标在不同年份之间有较好的重复性,下文主要取 2013—2014 年试验数据做进一步分析。

表 8-2　水氮耦合对番茄根系形态生理指标的方差分析

变异来源	自由度	POD	SOD	MDA	根系活力	根长	根表面积
Y	1	NS	NS	NS	NS	NS	NS
W	1	63.5*	40.7*	911.2*	33.2*	94.9*	NS
N	2	NS	NS	588.3*	32.1*	49.4*	NS
Y×W	1	NS	NS	NS	NS	NS	NS
Y×N	2	NS	NS	NS	NS	NS	NS
W×N	2	NS	7.2*	NS	NS	NS	10.8**
Y×W×N	2	NS	NS	NS	NS	NS	NS

注:NS 表示在 P 在 0.05 水平上不显著。* 与 ** 表示在 P 在 0.05 及 0.01 水平上差异显著与极显著。指标均为各生育期测定数据。Y 表示年度间,W 表示水分处理间,N 表示施氮量间。下同。

8.2.2 水氮耦合对番茄根系形态及生理的影响

8.2.2.1 水氮耦合对番茄根系生理指标的影响

图 8-2a 为 2013—2015 年不同水氮处理对各生育期番茄根系过氧化物酶的影

响。由图 8-2a 可以看出苗期根系 POD 含量最低,为 0.97～1.29 $\mu g/(g \cdot min)$,随着植株生长成熟期根系 POD 含量最高,为 1.70～2.45 $\mu g/(g \cdot min)$。灌水量相同时,番茄不同生育期根系 POD 含量随施氮量的增加而减少;与 N_0 处理相比,N_{300} 处理时番茄根系 POD 含量减小的幅度最大,苗期、开花期、成熟期中分别减少了 9.4%～17.2%、10.3%～22.9%和 9.6%～14.4%,且 N_{300} 处理下番茄根系 POD 含量显著低于 N_0 处理,N_{150} 和 N_{300} 处理各生育期根系 POD 含量无显著差异(W_2 处理苗期除外)。施氮量相同时,番茄各生育期 POD 含量随灌水量的增加而显著降低,与 W_1 处理相比,增加灌水量番茄苗期、开花期、成熟期根系 POD 含量分别减少了 5.9%～14.1%、7.0%～27.3%和 17.9%～21.3%。

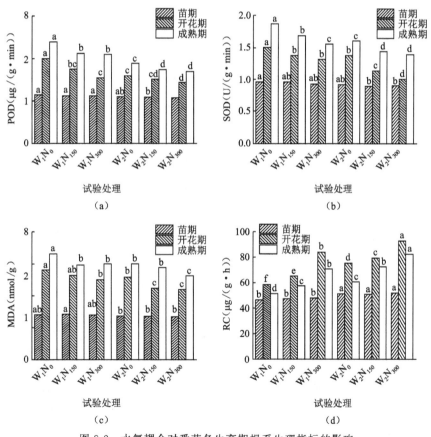

图 8-2　水氮耦合对番茄各生育期根系生理指标的影响

不同水氮处理对番茄根系超氧化物歧化酶(SOD)和丙二醛(MDA)的影响

（图 8-2b 和 8-2c）与水氮处理对根系过氧化物酶（POD）的影响相似，根系 SOD 和 MDA 含量均随灌水量和施氮量的增加而降低。

不同水氮处理对番茄根系活力的影响与对番茄根系 SOD、POD 和 MDA 含量的影响有所不同。由图 8-2d 可以看出番茄根系活力随生育期呈先增加后减小的趋势，苗期时叶片根系活力最弱，为 46.70～71.22 $\mu g/(g \cdot h)$；开花期时根系活力最强，为 58.32～94.08 $\mu g/(g \cdot h)$。灌水量相同时，番茄各生育期根系活力随施氮量的增加而增加，与 N_0 处理相比，N_{300} 处理时番茄根系活力增加的幅度最大，苗期、开花期和成熟期中分别增加了 31.3%～38.6%、23.0%～45.3% 和 34.8%～44.5%，且 N_{300} 处理下各生育期根系活力显著高于 N_0 处理下各生育期根系活力。施氮量相同时，番茄各生育期根系活力随灌水量的增加而增加，与 W_1 处理相比，增加灌水量番茄苗期、开花期和成熟期根系活力分别增加了 6.7%～16.1%、10.3%～29.4% 和 12.0%～26.9%，且开花期和成熟期增加灌水量显著增加根系活力，苗期增加灌水量根系活力无显著变化。

8.2.2.2　水氮耦合对番茄根系形态的影响

图 8-3 为不同水氮处理对番茄各生育期番茄根系总长度和总表面积的影响。由图 8-3 可以看出番茄根系长度随生育期呈先增加后减小的趋势，苗期时番茄根系最短，为 855.09～1 349.48 cm，开花期时番茄根系最长，为 2 498.84～3 970.02 cm。灌水量相同时，各生育期根系长度随施氮量的增加而增加；与 N_0 相比，N_{300} 处理下番茄根系长度增加幅度最大，苗期、开花期和成熟期中分别显著增加了 18.3%～37.4%、23.5%～30.2% 和 22.7%～35.7%。施氮量相同时，各生育期根系长度随灌水量的增加而增加；与 W_1 相比，W_2 处理下番茄苗期、开花期和成熟期根系长度分别增加了 14.4%～32.9%、17.5%～25.7% 和 3.7%～18.4%，且 W_2 处理下番茄各生育期根系长度显著高于 W_1 处理下各生育期根系长度（N_{150} 处理下成熟期除外）。不同水氮处理对番茄根系表面积的影响与水氮处理对根系长度的影响（图 8-3b）相似，均随灌水量和施氮量的增加而增加。

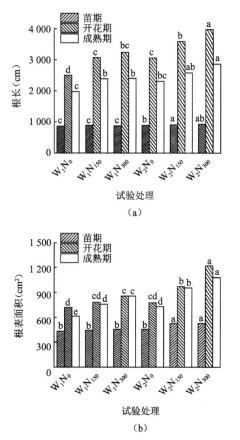

图 8-3　水氮耦合对番茄各生育期根系形态指标的影响

8.3　水氮耦合对番茄产量、产量构成因素和品质的影响

表 8-3 为 2013—2015 年番茄产量及构成因素和品质对水分和氮素的响应。由表 8-3 可以看出，番茄产量及构成因素和品质在年度间差异均不显著，水分、氮素及水氮交互作用对单果数无显著影响；水分和水氮交互对单果重和产量有显著或极显著影响（$P<0.05$ 或 $P<0.01$）。水分和氮素作为单一因素对番茄红素、有机酸和可溶性糖含量有显著影响，水氮交互作用只对番茄红素有极显著影响。通过水分和氮素对番茄产量及构成因素和品质影响的 F 值检验，可以看出水分对单果重、产量及品质的影响大于氮素的影响（可溶性固形物除外）。

表 8-3　水氮处理对番茄产量和品质的方差分析

变异来源	单果数	单果重	产量	可溶性固形物	番茄红素	有机酸	可溶性糖	Vc
Y	NS	NS	NS	NS	NS	NS	NS	NS
W	NS	25.4*	21.4*	NS	21.1*	200.2*	569.0*	123.2*
N	NS	NS	NS	52.2*	20.7*	106.6*	558.4*	241.5*
Y×W	NS	NS	NS	NS	NS	NS	NS	NS
Y×N	NS	NS	NS	NS	NS	NS	NS	NS
W×N	NS	46.4**	9.5**	NS	9.2**	NS	NS	10.4**
Y×W×N	NS	NS	NS	NS	NS	NS	NS	NS

注:NS 表示在 P 在 0.05 水平上不显著。* 与 ** 表示在 P 在 0.05 及 0.01 水平上差异显著与极显著。指标均为各生育期测定数据。Y 表示年度间,W 表示水分处理间,N 表示施氮量间。下同。

8.3.1　水氮耦合对番茄产量及构成因素的影响

表 8-4 为 2013—2014 年不同水氮处理对番茄单果数、单果重和产量的影响。由表 8-4 可以看出不同水氮处理对番茄单果数无显著影响,各处理下单果数为 12.9~14.1 个/株。灌水量相同时,与不施氮处理(N_0)相比,N_{150} 和 N_{300} 处理下番茄单果重和产量分别显著增加了 16.7%~50.9% 和 17.2%~58.4%,且非充分灌水处理时,N_{150} 和 N_{300} 处理产量之间无显著差异。

单果数和单果重是构成番茄产量的基本因素。水氮处理对单果数无显著影响,番茄产量只能通过影响番茄单果重来影响番茄产量。非充分灌水处理时,适当增加施氮量可以显著提高产量,施氮量增加到 150 kg/hm² 后继续增加施氮量时,番茄产量无显著变化;而充分灌水处理时,番茄产量随施氮量的增加呈显著增加趋势。各氮素处理时增加灌水量均可以显著增加番茄单果重和产量。单果重是产量构成主要因素,因此增加施氮量和灌水量可以通过增加单果重来增加产量。

表 8-4 2013—2014 年不同水氮处理下番茄品质指标

试验处理	单果数（个/株）	单果重（克/个）	产量（mg/hm²）	可溶性固形物（%）	番茄红素（mg/kg）	有机酸（g/100 g）	可溶性糖（g/100 g）	Vc 含量（mg/100 g）
W_1N_0	12.9a	157.0e	30.6d	5.92b	84.80b	0.34b	3.08b	84.8b
W_1N_{150}	13.8a	201.7c	41.5c	6.58a	90.94a	0.37a	3.37a	90.9a
W_1N_{300}	13.7a	188.5d	39.2c	5.17d	76.53c	0.28d	2.79d	76.5c
W_2N_0	13.1a	211.6c	41.7c	4.96e	65.31e	0.21f	2.39e	65.3e
W_2N_{150}	12.9a	289.1b	56.3b	5.51c	71.66d	0.26e	2.82d	71.7d
W_2N_{300}	14.1a	298.3a	63.3a	6.08b	84.61b	0.31c	2.95c	84.6b

注：同列数据后不同字母表示在 0.05 水平上显著性差异。

8.3.2 水氮耦合对番茄品质的影响

表 8-4 为 2013—2014 年不同水氮处理下番茄可溶性固形物、番茄红素、可溶性糖、有机酸和 Vc 含量。由表 8-4 可以看出不同水氮处理可溶性固形物、番茄红素、有机酸、可溶性糖和 Vc 含量分别为 4.96%～6.58%、65.31～90.94 mg/kg、0.21～0.37 g/100 g、2.39～3.37 g/100 g 和 65.3～90.9 mg/kg。非充分灌水（W_1）处理时，可溶性固形物、番茄红素、可溶性糖、有机酸和 Vc 含量随施氮量呈先增加后减小的趋势，施氮量过高时会显著降低可溶性固形物、番茄红素、可溶性糖、有机酸和 Vc 含量。充分灌水（W_2）处理时，可溶性固形物、番茄红素、可溶性糖、有机酸和 Vc 含量随施氮量的增加呈显著增加趋势；与 N_{300} 相比，N_0 处理可溶性固形物、番茄红素、可溶性糖、有机酸和 Vc 含量减少幅度最大，分别降低了 4.2%～22.4%、4.3%～21.2%、16.7%～45.3%、4.6%～22.7% 和 18.6%～29.5%。

施氮量相同时，番茄可溶性固形物、番茄红素、可溶性糖、有机酸和 Vc 含量随灌水量的增加而减少；与 W_2 相比，减少灌水量番茄可溶性固形物、番茄红素、可溶性糖、有机酸和 Vc 含量分别增加了 7.9%、15.7%、14.3%、31.5% 和 15.7%。这表明减少施氮量和灌水量均可以显著增加番茄可溶性固形物、番茄红素、可溶性糖、有机酸、Vc 含量，并显著降低单果重。

番茄叶片和根系生理指标与产量及品质的相关关系

8.4.1 番茄叶片生理指标与产量及品质的关系

将 2013—2015 年番茄品质与叶片生理指标（POD、SOD、MDA 和 Pro）进行相关性分析,结果如表 8-5 所示。由表 8-5 可以看出叶片生理指标（POD、SOD、MDA 和 Pro）与番茄品质（可溶性固形物、番茄红素、有机酸、可溶性糖和 Vc 含量）有较好的相关性,其相关系数均达到显著水平以上,其中可溶性固形物、番茄红素、有机酸、可溶性糖和 Vc 含量与叶片生理指标呈显著正相关关系,单果重与叶片生理指标呈显著负相关关系。

表 8-5　番茄品质与叶片生理指标的相关性

指标	果数	单果重	产量	可溶性固形物	番茄红素	有机酸	可溶性糖	Vc
POD	0.323	−0.908**	−0.916**	0.788**	0.875**	0.941**	0.910**	0.954**
SOD	0.285	−0.952**	−0.872**	0.854**	0.954**	0.988**	0.964**	0.944**
MDA	0.317	−0.957**	−0.861**	0.754**	0.912**	0.945**	0.887**	0.907**
Pro	0.256	−0.964**	−0.913**	0.671*	0.845**	0.923**	0.852**	0.895**

注：* 与 ** 表示 P 在 0.05 和 0.01 水平上相关性显著和相关性极显著,下同。

8.4.2 番茄根系形态及生理指标与产量及品质相关性分析

番茄根系形态指标（根长和根表面积）、根系生理指标（过氧化物酶、超氧化物歧化酶、丙二醛和根系活力）与番茄品质和产量及构成因素有一定的关系（表8-6）。由表 8-6 可以看出番茄品质指标（可溶性固形物、番茄红素、有机酸和可溶性糖含量）与各生育期根系过氧化物酶、超氧化物歧化酶和丙二醛含量呈显著或极显著正相关关系（$R=0.69\sim0.98$）,番茄品质指标与根系活力、根长和根表面积呈极显著负相关关系（$R=-0.80\sim-0.98$）;番茄单果数与根系形态及生理指标无显著相关关系,单果重和产量与各生育期根系过氧化物酶、超氧化物歧化酶和丙二醛含量呈极显著负相关关系($R=-0.82\sim-0.98$),单果重和产量与各生育期根系活力、根长和根表面积呈极显著正相关关系($R=0.77\sim0.97$)。

表 8-6　不同生育期番茄根系形态生理指标与番茄品质和产量的相关性分析

指　标		果数	单果重	产量	可溶性固形物	番茄红素	有机酸	可溶性糖	Vc
POD	苗　期	0.42	−0.90**	−0.93**	0.87**	0.95**	0.94**	0.95**	0.91**
	开花期	0.48	−0.89**	−0.85**	0.74**	0.83**	0.90**	0.86**	0.85**
	成熟期	0.21	−0.923**	−0.91**	0.69*	0.83**	0.90**	0.85**	0.80**
SOD	苗　期	0.19	−0.91**	−0.92**	0.83**	0.93**	0.98**	0.95**	0.90**
	开花期	0.39	−0.97**	−0.98**	0.81**	0.95**	0.96**	0.93**	0.89**
	成熟期	0.27	−0.92**	−0.92**	0.86**	0.93**	0.95**	0.93**	0.92**
MDA	苗　期	0.37	−0.82**	−0.86**	0.91**	0.94**	0.92**	0.95**	0.95**
	开花期	0.35	−0.95**	−0.97**	0.81**	0.95**	0.94**	0.91**	0.90**
	成熟期	0.29	−0.88**	−0.91**	0.86**	0.91**	0.92**	0.95**	0.92**
RC	苗期	−0.40	0.77**	0.81**	−0.94**	−0.92**	−0.90**	−0.94**	−0.91**
	开花期	0.20	0.81**	0.82**	−0.94**	−0.92**	−0.95**	−0.97**	−0.93**
	成熟期	0.26	0.84**	0.87**	−0.95**	−0.95**	−0.95**	−0.97**	−0.93**
根长	苗期	0.33	0.95**	0.97**	−0.82**	−0.95**	−0.97**	−0.94**	−0.89**
	开花期	0.33	0.95**	0.97**	−0.86**	−0.96**	−0.97**	−0.95**	−0.91**
	成熟期	0.37	0.85**	0.88**	−0.85**	−0.91**	−0.87**	−0.91**	−0.91**
根表面积	苗期	0.28	0.95**	0.97**	-0.87**	−0.98**	−0.97**	−0.94**	−0.94**
	开花期	0.37	0.91**	0.94**	−0.80**	−0.93**	−0.93**	−0.91**	−0.91**
	成熟期	0.37	0.92**	0.95**	−0.90**	−0.97**	−0.96**	−0.96**	−0.93**

注:* 与 ** 表示 P 在 0.05 和 0.01 水平上相关性显著和相关性极显著,下同。

8.5　番茄叶片和根系生理指标对蒸发蒸腾量和吸氮量的敏感性

为了定量地反映叶片或根系生理指标(叶片 POD、SOD、MDA 和 Pro 或根系 POD、SOD、MDA 和 RC)对不同生育期灌水量和施氮量的敏感性,引入敏感性系数(k_p)来表示叶片生理指标的变化量与番茄相对蒸发蒸腾量和相对吸氮量之间的关系。具体表达式如下:

$$1-\frac{P}{P_{ck}}=k_p\left(1-\frac{ET}{ET_{ck}}\right) \tag{8-1}$$

$$1-\frac{P}{P_{ck}}=k_p\left(1-\frac{TN}{TN_{ck}}\right) \tag{8-2}$$

式中, P——不同试验处理下各生育期番茄叶片或根系生理指标(叶片 POD、SOD、MDA 和 Pro 或根系 POD、SOD、MDA 含量和根系活力)含量;

P_{ck}——对照处理(W_2N_{300})下各生育期叶片或根系各生理指标含量;

ET——不同试验处理下各生育期蒸发蒸腾量;

ET_{ck}——对照处理下各生育期蒸发蒸腾量;

TN——不同试验处理下各生育期番茄吸氮量;

TN_{ck}——对照处理下各生育期番茄吸氮量;

k_p——番茄叶片或根系生理指标对水分和氮素敏感性系数,k_p 绝对值越大越敏感。

8.5.1 番茄叶片生理指标对蒸发蒸腾量和吸氮量的敏感性

图 8-4 为 2013—2015 年不同生育期叶片生理指标(POD、SOD、MDA 和 Pro 含量)对水分和氮素敏感性分析。由图 8-4 可以看出,不同生育期番茄叶片 POD、SOD、MDA 和 Pro 含量随蒸发蒸腾量和吸氮量的增加而减少,且不同生育期番茄叶片 POD、SOD、MDA 和 Pro 对蒸发蒸腾量和吸氮量的敏感性不同。开花期时番茄叶片 POD、SOD 和 Pro 对水分的敏感性大于其他生育期番茄叶片 POD、SOD 和 Pro 对水分的敏感性,苗期时番茄叶片 MDA 对水分的敏感性大于其他生育期番茄叶片 MDA 对水分的敏感性;开花期时番茄叶片 SOD、MDA 和 Pro 对氮素的敏感性大于其他生育期番茄叶片 SOD、MDA 和 Pro 对氮素的敏感性,成熟期时番茄叶片 POD 对氮素的敏感性大于其他生育期氮素对番茄叶片 POD 的敏感性。

8.5.2 番茄根系生理指标对蒸发蒸腾量和吸氮量的敏感性

图 8-5 为 2013—2015 年不同生育期根系生理指标(POD、SOD 和 MDA

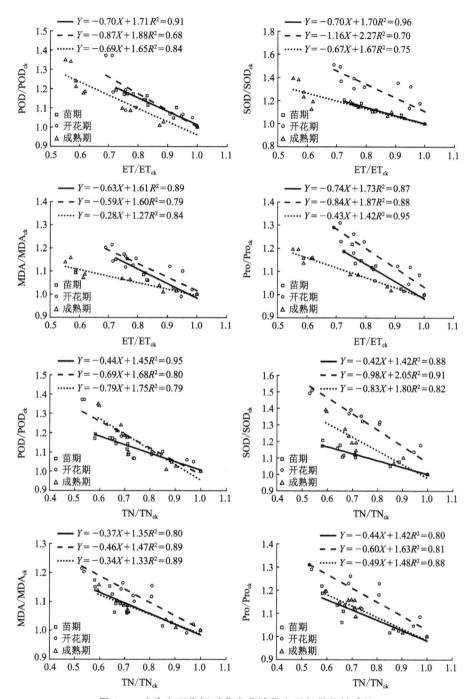

图 8-4　叶片生理指标对蒸发蒸腾量和吸氮量的敏感性

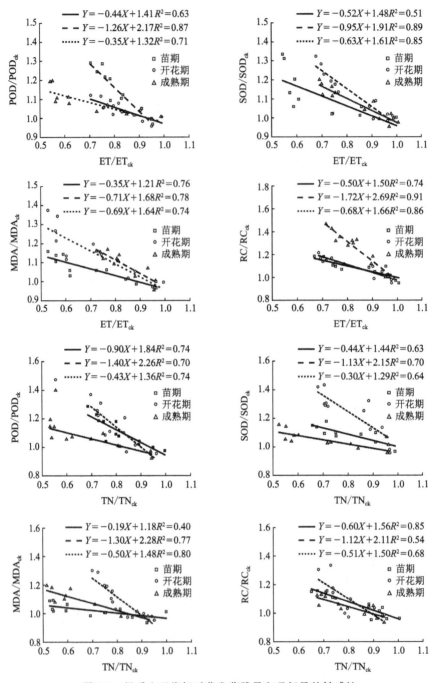

图 8-5　根系生理指标对蒸发蒸腾量和吸氮量的敏感性

含量,以及 RC)对水分和氮素敏感性分析。由图 8-5 可以看出,不同生育期番茄根系 POD、SOD 和 MDA 含量随蒸发蒸腾量和吸氮量的增加而减少,RC 随蒸发蒸腾量和吸氮量的增加而降低;且不同生育期番茄根系 POD、SOD、MDA 和 RC 对蒸发蒸腾量和吸氮量的敏感性不同。开花期时番茄根系 POD、SOD、MDA 和 RC 对水分和氮素的敏感性大于其他生育期番茄根系 POD、SOD、MDA 和 RC 对水分和氮素的敏感性。

8.6　水氮耦合对番茄根系形态及生理特性的影响

水分和氮素胁迫下,植株通过叶片和根系内渗透调节物质丙二醛(MDA)、过氧化物酶(POD)和超氧化物歧化酶(SOD)等生理指标来调节逆境或衰老对植株的伤害(张文辉等,2004)。本研究表明苗期时根系 POD、SOD 和 MDA 含量最小,根系 POD、SOD 和 MDA 含量随着植株的衰老而增加,成熟期时根系 POD、SOD 和 MDA 含量达到最大值。土壤水分亏缺时,植株为了更好地适应逆境生长,产生大量的 MDA 来降低抗氧化物的含量,同时通过叶片和根系分泌过氧化物酶和超氧化物歧化酶清理植株过多的活性氧。本研究表明在非充分灌水处理时,番茄各生育期根系通过 POD、SOD 和 MDA 含量的显著增加来抵御干旱胁迫。施氮可以增加植株的渗透能力,促进叶片脯氨酸和可溶性氧的积累,增强渗透调节能力(尹丽等,2012;刘小刚等,2014)。本研究也表明灌水量相同时,番茄各生育期根系 POD、SOD 和 MDA 含量随施氮量的增加而减少;与不施氮处理相比,施氮量为 300 kg/hm² 时番茄各生育期根系 POD、SOD 和 MDA 含量减小的幅度最大。相关性分析也表明作物产量的提高伴随着根系形态特征的改善和生理活性的加强(徐国伟等,2015),而番茄可溶性糖和有机酸等品质指标的提高增加了植株渗透调节能力,和植株抗氧化性酶共同抵御逆境胁迫(林兴军,2011)。本研究也表明番茄品质指标(可溶性固形物、番茄红素、有机酸和可溶性糖)与各生育期根系过氧化物酶、超氧化物歧化酶和丙二醛含量呈显著或极显著正相关关系($R=0.69\sim0.98$),番茄单果重和产量与各生育期根系过氧化物酶、超氧化物歧化酶和丙二醛含量呈极显著负相关关系($R=-0.82\sim-0.98$)。水分和氮素胁迫时,植株通过增加番茄品质指标(有机酸和可溶性糖含量等)与过氧化物酶和超氧化物歧化酶等含量,且降低番茄果实含水率,提高抗氧化物酶活性来共同抵御逆境胁迫。

根系活力和形态是衡量根系吸收功能的重要指标,根系活力高意味着对养分的吸收能力强(范秀艳等,2012),而根系形态特性的发挥受到环境及基因的共同影响(Kiba et al.,2011)。本研究表明番茄根系活力、根系长度和表面积等根系特征随生育期呈先增加后减小的趋势:苗期时根系活力、根系长度和表面积最小,在开花期时根系活力、根系长度和表面积达到最大值;之后植株根系开始衰老,根系活力、根系长度和表面积逐渐降低。与不施氮处理相比,番茄各生育期根系活力、根系长度和表面积随施氮量的增加而增加,施氮量为 300 kg/hm² 时各生育期番茄根系活力、根系长度和表面积增加的幅度最大。番茄各生育期根系活力、根系长度和表面积随灌水量的增加而增加。相关性分析也表明番茄品质指标(可溶性固形物、番茄红素、有机酸和可溶性糖)与各生育期根系活力、根长和根系表面积呈极显著负相关关系($R = -0.80 \sim -0.98$);而番茄单果重和产量与各生育期根系活力、根长和根系表面积呈极显著正相关关系($R = 0.77 \sim 0.97$)。

8.7 小结

通过 2013—2015 年温室不同水氮处理试验,分析了不同水氮处理下番茄各生育期叶片和根系生理指标的变化,确定番茄不同生育期对水分和氮素的敏感性,进而研究番茄品质与叶片和根系生理指标的关系。结论如下:

(1)水分和氮素作为单一因素对有机酸、可溶性糖含量有显著影响,水氮交互作用对番茄红素有极显著影响。水分和氮素作为单一因素对单果数无显著影响;氮素和水氮交互对番茄单果重和产量有显著或极显著影响。

(2)与充分灌水和施氮量 300 kg/hm² 处理相比,减少施氮量和灌水量时,植株叶片 POD、SOD、MDA 和 Pro 含量增加。各生育期根系 POD、SOD 和 MDA 含量随施氮量的减少而增加,番茄各生育期根系活力、根系长度和表面积随施氮量的减少而降低。

（3）各生育期番茄叶片 POD、SOD、MDA 和 Pro 含量或根系 POD、SOD 和 MDA 含量，以及 RC 随蒸发蒸腾量和吸氮量的减少而增加。开花期，番茄叶片 POD、SOD 和 Pro 含量对水分和氮素的敏感性大于其他生育期番茄叶片 POD、SOD 和 Pro 含量对水分和氮素的敏感性；根系 POD、SOD 和 MDA 含量，以及 RC 对水分和氮素的敏感性大于其他生育期根系 POD、SOD 和 MDA 含量，以及 RC 对水分和氮素的敏感性。

第9章
研究结论、创新点和展望

Chapter 9

9.1 研究结论

（1）运用 SIMDualKc 模型可以准确模拟不同水分处理下温室番茄蒸发蒸腾量，并能够准确地将蒸发蒸腾量分为土壤蒸发量和作物蒸腾量，得到初期基础作物系数 $K_{cb\,ini}=0.34$，发育期基础作物系数 $K_{cb\,dev}=0.34\sim1.16$，中期基础作物系数 $K_{cb\,mid}=1.16$，后期基础作物系数 $K_{cb\,end}=0.63$。利用 SIMDualKc 模拟出不同亏水处理各生育期的水分亏缺系数。以充分灌水处理为对照，番茄发育期亏水其他生育期充分灌水（T2）时，水分亏缺系数分别为 0.8、0.94 和 0.98；番茄发育期和中期亏水后期充分灌水（T3）时，水分亏缺系数分别为 0.8、0.69 和 0.91；当番茄发育期、中期和后期连续亏水（T4）时，水分亏缺系数分别为 0.8、0.7 和 0.63。上述结果表明亏水处理可以降低水分亏缺系数，随着亏水时间的增加减小的幅度有所增大；且发育期、中期和后期连续亏水 50% 时，水分亏缺系数降到最小，复水后水分亏缺系数有不同程度的增加。因此运用 SIMDualKc 模型可以准确分析非充分灌水条件下番茄的响应及复水后的补偿机制，为农业生产提供理论依据。

（2）运用番茄耗水量、累积辐热积、经验公式和经验系数（a_p 和 b_p）得到干物质生产及分配模型。通过该模型估算得到的不同水氮处理下番茄茎、叶、果实和根系干物质的预测值和实测值拟合度较高，其绝对误差为 $0.17\sim9.46$ 克/株，均方根误差为 $0.22\sim10.01$ 克/株，决定系数为 $0.78\sim0.89$，因此可以用该模型准确模拟不同水氮处理下温室番茄干物质及分配。通过已拟合累积辐热积和干物质总量关系式,得知番茄干物质总量受辐热积和水分、氮素影响较大,而干物质在地上部、根系及地上部各器官的分配指数只随辐热积变化,不随灌水量和施氮量发生显著的变化。

(3) 不同水氮处理下,基于临界氮浓度构建的氮素吸收和氮营养指数模型对番茄氮素营养状况诊断结果一致,非充分灌水处理时施氮量以 150 kg/hm² 最优,充分灌水处理时施氮量以 300 kg/hm² 最优,得出西北地区温室番茄种植不同水分管理下的适宜施氮量范围在 150~300 kg/hm²。根据施氮量与产量的关系,得到非充分灌水时施氮量的阈值为 150 kg/hm²,充分灌水处理时施氮量的阈值为 300 kg/hm²,与得到的适宜的施氮量结果一致。

(4) 利用归一化计算可知,相对叶面积指数、相对 SPAD 值与相对辐热积呈显著二次相关关系,且番茄各生育期叶面积指数与番茄产量和单果重呈极显著正相关关系($R=0.808\sim0.912$),番茄各生育期叶面积指数与单果数无显著相关关系。将不同水氮处理下不同叶位 SPAD 值与叶片氮含量、NNI 进行拟合得知,中位叶片 SPAD 值与叶片氮浓度和 NNI 之间的相关系数高于上位和下位叶片 SPAD 值与叶片氮浓度和 NNI 之间的相关系数,中位叶片对氮素较为敏感,可以作为监测氮素是否过量的理想叶片。

(5) 水分和氮素作为单一因素对有机酸、可溶性糖含量有显著影响,水氮交互作用对番茄红素含量有极显著影响。水分和氮素作为单一因素对单果数无显著影响;氮素和水氮交互对番茄单果重和产量有显著或极显著影响。与充分灌水和施氮量 300 kg/hm² 处理相比,减少施氮量和灌水量时,植株叶片 POD、SOD、MDA 和 Pro 含量增加。各生育期根系 POD、SOD 和 MDA 含量随施氮量的减少而增加,番茄各生育期根系活力、根系长度和表面积随施氮量的减少而降低。各生育期番茄叶片 POD、SOD、MDA 和 Pro 含量或根系 POD、SOD、MDA 含量和根系 RC 随蒸发蒸腾量和吸氮量的减少而增加。开花期番茄叶片 POD、SOD 和 Pro 含量对水分和氮素的敏感性大于其他生育期番茄叶片 POD、SOD 和 Pro 对水分和氮素的敏感性;开花期根系 POD、SOD、MDA 含量和 RC 对水分和氮素的敏感性大于其他生育期番茄根系 POD、SOD、MDA 含量和 RC 对水分和氮素的敏感性。

9.2 研究创新点

(1) 运用 SIMDualKc 模型模拟西北地区温室内不同水分处理下的番茄耗水量,得到较准确的模拟结果,并运用该模型准确地将番茄蒸发蒸腾量分为番茄蒸腾量和土壤蒸发量。

(2) 运用 2013—2015 年试验数据建立并验证了基于累积辐热积的不同水氮处理下干物质量生产及分配经验模型,拟合得到的经验干物质生产及分配模型考虑了温度、光、氮素和水分的影响,参数较易获得,且准确性较高。

(3) 确定了氮素诊断的理想测定叶位为中叶位(从下向上第 8、9 和 10 节位),可通过测量中位叶的 SPAD 值,进而根据 SPAD 值估算叶片氮浓度和 NNI 来确定氮肥是否过量,该诊断方法在不同水分处理时得到了准确验证。

9.3 研究存在的问题和展望

本书研究了不同水氮处理下干物质生产及分配模型,并建立了简易的氮素诊断理论体系,然而本研究仍存在不足和需要改进的部分。

(1) 建立的干物质生产分配模型只研究了干物质的生产及分配,未考虑不同处理下番茄含水率动态变化规律,对于番茄的鲜重生产预测存在一定的不足,未对温室精准化番茄生产提供经济评价。

(2) 研究了不同水氮处理下不同叶位 SPAD 值与对应叶片氮素及 NNI 的相关关系,但仍然没有量化实时的 SPAD 诊断理论。

参考文献

[1] 陈人杰. 温室番茄生长发育动态模拟系统[D]. 北京：中国农业科学院，2002.

[2] 刁明，戴剑锋，罗卫红，等. 温室甜椒生长与产量预测模型[J]. 农业工程学报，2009，25(10)：241-246.

[3] 段春锋，缪启龙，曹雯，等. 西北地区小型蒸发皿资料估算参考作物蒸散[J]. 农业工程学报，2012，28 (4)：94-99.

[4] 樊军，王全九，郝明德. 利用小蒸发皿观测资料确定参考作物蒸散量方法研究[J]. 农业工程学报，2006，22(7)：14-17.

[5] 范秀艳，杨恒山，高聚林，等. 超高产栽培下磷肥运筹对春玉米根系特性的影响[J]. 植物营养与肥料学报，2012，18(3)：562-570.

[6] 高兵，任涛，李俊良，等. 灌溉策略及氮肥施用对设施番茄产量及氮素利用的影响[J]. 植物营养与肥料学报，2008，14(6)：1104-1109.

[7] 高俊凤. 植物生理实验技术[M]. 西安：世界图书出版社，2000.

[8] 郭建华，赵春江，王秀，等. 作物氮素营养诊断方法的研究现状及进展[J]. 中国土壤与肥料，2008，(4)：10-14.

[9] 郭文忠，刘声峰，李丁仁，等. 设施蔬菜土壤次生盐渍化发生机理的研究现状与展望[J]. 土壤，2004，36(1)：25-29.

[10] 何淼，高耀辉，徐鹏飞，等. 中国芒幼苗对土壤干旱胁迫的生理响应[J]. 安徽农业科学，2013，41(30)：12125-12128，12131.

[11] 贺会强，陈凯利，邹志荣，等. 不同施肥水平对日光温室番茄产量和品质的影响[J]. 西北农林科技大学学报(自然科学版)，2012，40(7)：135-140.

[12] 黄秉维. 现代自然地理[M]. 北京：科学出版社出版，1999.

[13] 姜继萍. 水稻冠层叶片 SPAD 数值变化特征及其在氮素营养诊断中的应

用[D]. 杭州:浙江大学,2012.

[14] 李贵全,张海燕,季兰,等. 不同大豆品种抗旱性综合评价[J]. 应用生态学报,2006,17(12):2408-2412.

[15] 李俊华,董志新,朱继正. 氮素营养诊断方法的应用现状及展望[J]. 石河子大学学报(自然科学版),2003,7(1):80-83.

[16] 李俊良,金圣爱,陈清. 蔬菜灌溉施肥新技术[M]. 北京:化学工业出版社,2008:10-35.

[17] 李永秀,罗卫红,倪纪恒,等. 温室黄瓜干物质分配与产量预测模拟模型初步研究[J]. 农业工程学报,2006,22(2):116-121.

[18] 李正鹏,宋明丹,冯浩. 关中地区玉米临界氮浓度稀释曲线的建立和验证[J]. 农业工程学报,2015,31(13):135-141.

[19] 梁效贵,张经廷,周丽丽,等. 华北地区夏玉米临界氮稀释曲线和氮营养指数研究[J]. 作物学报,2013,39(2):292-299.

[20] 林兴军. 不同水肥对日光温室番茄品质和抗氧化性系统及土壤缓解的影响[D]. 北京:中国科学院,2011.

[21] 刘明池,陈殿奎. 氮肥用量与黄瓜产量和硝酸盐积累的关系[J]. 中国蔬菜,1996(3):26-28.

[22] 刘小刚,张岩,程金焕,等. 水氮耦合下小粒咖啡幼树生理特性与水氮利用效率[J]. 农业机械学报,2014,45(8):160-166.

[23] 刘芷宇. 植物营养诊断的回顾与展望[J]. 土壤,1990,22(4):173-176.

[24] 马万征,毛罕平,倪纪恒. 不同果实负载下温室黄瓜干物质分配的模拟[J]. 农业工程学报,2010,26(10):259-263.

[25] 倪纪恒,陈学好,陈春宏,等. 用辐热积法模拟温室黄瓜果实生长[J]. 农业工程学报,2009,25(5):192-196.

[26] 倪纪恒,罗卫红,李永秀,等. 温室番茄干物质分配与产量的模拟分析[J]. 应用生态学报,2006,17(5):811-816.

[27] 倪纪恒,罗卫红,李永秀,等. 温室番茄叶面积与干物质生产的模拟[J]. 中国农业科学,2005,38(8):1629-1635.

[28] 牛晓丽,胡田田,周振江,等. 水肥供应对番茄果实硝酸盐含量的影响[J].

西北农林科技大学学报(自然科学版),2013,41(2):82-88.

[29] 齐维强. 积温对日光温室番茄生长发育效应的研究以及模型初探[D]. 杨陵:西北农林科技大学,2004.

[30] 强生才,张富仓,田建柯,吴悠,等. 基于叶片干物质的冬小麦临界氮稀释曲线模拟研究[J]. 农业机械学报,2015,46(11):121-128.

[31] 强生才,张富仓,向友珍,等. 关中平原不同降雨年型夏玉米临界氮稀释曲线模拟及验证[J]. 农业工程学报,2015,31(17):168-175.

[32] 强小嫚,蔡焕杰,王健. 波文比仪与蒸渗仪测定作物蒸发蒸腾量对比[J]. 农业工程学报,2009,25(2):12-17.

[33] 邱让建. 温室环境下土壤-植物系统水热形态与模拟[D]. 北京:中国农业大学,2014.

[34] 芮海英,王丽娜,金铃,等. 苗期干旱胁迫对不同大豆品种叶片保护酶活性及丙二醛含量的影响[J]. 大豆科学,2013,32(5):647-654.

[35] 邵崇斌,徐钊. 概率论与数理统计[M]. 北京:中国农业出版社,2007.

[36] 石小虎,曹红霞,杜太生,等 温室膜下沟灌水氮耦合对番茄品质的影响与评价研究[J]. 干旱地区农业研究,2013,31(3):79-82,105.

[37] 石小虎. 温室膜下滴灌番茄对水氮耦合的响应研究[D]. 杨陵:西北农林科技大学,2013.

[38] 史胜青,袁玉欣,杨敏生,等. 水分胁迫对 4 种苗木叶绿素荧光的光化学淬灭和非光化学淬灭的影响[J]. 林业科学,2004,40(1):168-173.

[39] 孙玉焕,杨志海. 水稻氮素营养诊断方法研究进展[J]. 安徽农业科学,2008,36(19):8035-8037.

[40] 孙忠富,陈人杰. 温室作物模型研究基本理论与技术方法的探讨[J]. 中国农业科学,2002,35(3):320-324.

[41] 汪顺生,费良军,高传昌,等. 不同沟灌方式下夏玉米棵间蒸发试验[J]. 农业机械学报,2012,43(9):66-71.

[42] 王峰,杜太生,邱让建,等. 亏缺灌溉对温室番茄产量与水分利用效率的影响[J]. 农业工程学报,2010,26(9):46-52.

[43] 王峰,杜太生,邱让建. 基于品质主成分分析的温室番茄亏缺灌溉制度[J].

农业工程学报,2011,27(1):75-80.

[44] 王浩.中国可持续发展总纲(第4卷):中国水资源与可持续发展[M].北京:科学出版社,2007.

[45] 王纪章,李萍萍,赵青松.基于积温模型的温室栽培生产规划决策支持系统[J].江苏大学学报(自然科学版),2013,34(5):543-547.

[46] 王冀川,马富裕,冯胜利,等.基于生理发育时间的加工番茄生育期模拟模型[J].应用生态学报,2008,19(7):1544-1550.

[47] 王健,蔡焕杰,李红星,等.日光温室作物蒸发蒸腾量的计算方法研究及其评价[J].灌溉排水学报,2006,25(6):11-14.

[48] 王鹏勃,李建明,丁娟娟,等.水肥耦合对温室袋培番茄品质、产量及水分利用效率的影响[J].中国农业科学,2015,48(2):314-323.

[49] 王新,马富裕,刁明,等.滴灌番茄临界氮浓度、氮素吸收和氮营养指数模拟[J].农业工程学报,2013,29(18):99-108.

[50] 王新,马富裕,刁明,等.加工番茄地上部干物质分配与产量预测模拟模型[J].农业工程学报,2013,29(22):171-179.

[51] 王子胜,金路路,赵文青,等.东北特早熟棉区不同群体棉花氮临界浓度稀释模型的建立初探[J].棉花学报,2002,24(5):427-434.

[52] 武素辉,程见尧,刘景福.氨基态氮作为棉花营养诊断指标的研究[J].中国棉花,1991(2):29-30.

[53] 夏秀波,于贤昌,高俊杰.水分对有机基质栽培番茄生理特性、品质及产量的影响[J].应用生态学报,2007,18(12):2710-2714.

[54] 肖姣娣.合欢幼苗对干旱胁迫的生理生化响应[J].干旱区资源与环境,2015,29(8):156-160.

[55] 邢英英,张富仓,张燕,等.滴灌施肥水肥耦合对温室番茄产量、品质和水氮利用的影响[J].中国农业科学,2015,48(4):713-726.

[56] 徐国伟,王贺正,翟志华,等.不同水氮耦合对水稻根系形态生理、产量与氮素利用的影响[J].农业工程学报,2015,31(10):132-141.

[57] 徐坤,郑国生,王秀峰.施氮量对生姜群体光合特性及产量和品质的影响[J].植物营养与肥料学报,2001,7(2):189-193.

[58] 薛晓萍,陈兵林,郭文琦. 棉花临界需氮量动态定量模型[J]. 应用生态学报,2006,17(12):2363-2370.

[59] 颜淑云,周志宇,邹丽娜,等. 干旱胁迫对紫穗槐幼苗生理生化特性的影响[J]. 干旱区研究,2011,28(1):139-145.

[60] 杨虎. 水稻冠层叶片氮素分布变化及氮营养状况快速诊断[D]. 杭州:浙江大学,2014.

[61] 杨慧,曹红霞,柳美玉,等. 水氮耦合条件下番茄临界氮浓度模型的建立及氮素营养诊断[J]. 植物营养与肥料学报,2015,21(5):1234-1242.

[62] 杨京平,姜宁,陈杰. 施氮水平对两种水稻产量影响的动态模拟及施肥优化分析[J]. 应用生态学报,2003,14(10):1654-1660.

[63] 杨静敬. 作物非充分灌溉及蒸发蒸腾量的试验研究[D]. 杨凌:西北农林科技大学,2009.

[64] 尹丽,刘永安,谢财永,等. 干旱胁迫与施氮对麻疯树幼苗渗透调节物质积累的影响[J]. 应用生态学报,2012,23(3):632-638.

[65] 员玉良,盛文溢. 基于主成分回归的茎直径动态变化预测[J]. 农业机械学报,2015,46(1):306-314.

[66] 袁洪波,李莉,王俊衡,等. 基于温度积分算法的温室环境控制方法[J]. 农业工程学报,2015,31(11):221-227.

[67] 张福墁,马国成. 日光温室不同季节的生态环境对黄瓜光合作用的影响[J]. 华北农学报,1995,10(1):70-75.

[68] 张国红,袁丽萍,郭英华,等. 不同施肥水平对日光温室番茄生长发育的影响[J]. 农业工程学报,2005,21(增刊):151-154.

[69] 张红菊,戴剑锋,罗卫红,等. 温室盆栽一品红生长发育模拟模型[J]. 农业工程学报,2009,25(11):241-247.

[70] 张明锦,胡相伟,徐睿,等. 水分胁迫及施肥对巨能草(*Puelia sinese* Roxb)生理生化特性的影响[J]. 干旱区资源与环境,2015,29(9):97-101.

[71] 张守仁. 叶绿素荧光动力学参数的意义及讨论[J]. 植物学通报,1999,16(4):444-448.

[72] 张文辉,段宝利,周建云,等. 不同种源栓皮栎幼苗叶片水分关系和保护酶

活性对干旱胁迫的响应[J]. 植物生态学报,2004,28(4):483-490.

[73] 张宪政. 作物生理研究法[M]. 北京:农业出版社,1992.

[74] 张志良,瞿伟菁,李小方. 植物生理学实验指导[M]. 4 版,北京:高等教育出版社,2006.

[75] 赵犇,姚霞,田永超,等. 基于临界氮浓度的小麦地上部氮亏缺模型[J]. 应用生态学报,2012,23(11):3141-3148.

[76] 赵丽雯,吉喜斌. 基于 FAO-56 双作物系数法估算农田作物蒸腾和土壤蒸发研究——以西北干旱区黑河流域中游绿洲农田为例[J]. 中国农业科学,2010,43(19):4016-4026.

[77] 赵娜娜,刘钰,蔡甲冰,等. 夏玉米棵间蒸发的田间试验与模拟[J]. 农业工程学报,2012,28(21):66-73.

[78] 赵娜娜,刘钰,蔡甲冰,等. 双作物系数模型 SIMDual_Kc 的验证及应用[J]. 农业工程学报,2011,27(2):89-95.

[79] 周晓峰. 大棚番茄生长发育与棉铃虫危害的模拟模型研究[J]. 生态学报,1997,03.

[80] 朱广龙,韩蕾,陈婧,等. 酸枣生理生化特性对干旱胁迫的响应[J]. 中国野生植物资源,2013,32(1):33-37,44.

[81] Abedi-Koupai J., Eslamian S. S., Zareian M. J. Measurement and modeling of water requirement and crop coefficient for cucumber, tomato and pepper using microlysimeter in greenhouse[J]. *Journal of Science and Technology of Greenhouse Culture*, 2011, 2(7): 51-64.

[82] Rahimikhoob A. An evaluation of common. pan coefficient equations to estimate reference evapotranspiration in a subtropical climate (north of Iran) [J]. *Irrig. Sci.*, 2009, 27: 289-296.

[83] Allen R. G., Jensen M. E., Wright J. L.,et al. Operational estimates of reference evapotranspiration[J]. *Agronomy Journal*, 1989, 81: 650-662.

[84] Allen R. G., Pereira L. S., Raes D., Smith M. Crop evapotranspiration: guidelines for computing crop water requirements[M]. Rome: FAO,

1998.

[85] Van Oosterom E. J., Carberry P. S. Critical and minimum N contents for development and growth of grain sorghum[J]. *Field Crops Research*, 2001, 70(1): 55-73.

[86] Bartels D., Sunkar R. Drought and salt tolerance in plants[J]. *Critical Reviews in Plant Sciences*, 2005, 24: 23-58.

[87] Borosia J., Romic D., Dolanjski D. 8th International symposium on timing of field production in vegetable crops, Bari, Italy[J]. *Acta-Horticulture*, 2000, (53): 451-459.

[88] Bullock D. G., Anderson D. S. Evaluation of the Minolta SPAD-502 chlorophyll meter for nitrogen management in corn[J]. *J. Plant Nutr.*, 1998(21):741-755.

[89] Caloin M., Yu O. Analysis of the time course of change in nitrogen content in *Dactylis glomerata* L. using a model of plant growth[J]. *Annals of Botany*, 1984, 54(1): 69-76.

[90] Chen J., Kang S., Du T., et al. Quantitative response of greenhouse tomato yield and quality to water deficit at different growth stages[J]. *Agricultural Water Management*, 2013, 129: 152-162.

[91] Cregg B. M., Zhang J. W. Physiology and morphology of *Pinus sylvestris* seedlings from diverse sources under cyclic drought stress[J]. *Forest Ecology and Management*, 2001, 154: 131-139.

[92] Dayan E., van Keulen H., Jones J. W. Development, calibration and vallation of a greenhouse tomato growth model: II, Field calibration and validation[J]. *Agricultural System*, 1993, 43(2): 165-183.

[93] de Soyza A. G., Killingbeck K. T., Whitford W. G. Plant water relations and photosynthesis during and after drought in a Chihuahuan desert arroyo[J]. *Journal of Arid Environments*, 2004, 59: 27-39.

[94] Debaeke P., Rouet P., Justes E. Relationship between the normalized SPAD index and the nitrogen nutrition index: application to durum

wheat[J]. *Journal of Plant Nutrition*, 2006, 29: 75-92.

[95] Ding R. S., Kang S. Z., Zhang Y. Q.,et al. Partitioning evapotranspiration into soil evaporation and transpiration using a modified dual crop coefficient model in irrigated maize field with ground-mulching[J]. *Agricultural Water Management*, 2013, 127: 85-96.

[96] Doorenbos J., Pruitt W. O. Guidelines for predicting crop water requirements[M]. Rome:RAO, 1977.

[97] Esfahani M., Ali Abbasi H. R., Rabiei B., et al. Improvement of nitrogen management in rice paddy fields using chlorophyll meter (SPAD) [J]. *Paddy Water Environment*, 2008, 6: 181-188.

[98] Flumignan D. L., Faria R. T. D., Prete C. E. C. Evapotranspiration components and dual crop coefficients of coffee trees during crop production[J]. *Agricultural Water Management*, 2011, 98: 791-800.

[99] Gary C., Heuvelink E. Advances and bottlenecks in modeling crop growth: Summary of a group discussion[J]. *Acta Horticulturae*, 1998, 456: 101.

[100] Gastal F., Lemaire G. N uptake and distribution in crops: an agronomical and ecophysiological perspective[J]. *Journal of Experimental Botany*, 2002, 53(370): 789-799.

[101] Gayler S., Wang E., Priesack E., et al. Modeling biomass growth, N uptake and phynological development of potato crop[J]. *Geoderma*, 2002, 105: 367-383.

[102] Giannopolitis C. N., Ries S. K. Superoxide dismutases: I.Occurrence in higher plants[J]. *Plant Physiol.*, 1977, 59: 309-314.

[103] Golubev V. S., Groisman P. Y., Speranskaya N. A., et al. Evaporation changes over the contiguous United States and the former USSR: a reassessment[J]. *Geophys. Res. Lett.*, 2001, 28 (13), 2665-2668.

[104] Gonzalez G. M., Ramos T. B., Carlesso R., et al. Modelling soil water dynamics of full and deficit drip irrigated maize cultivated under a rain

shelter[J]. *Biosystems Engineering*, 2015, 132: 1-18.

[105]　Greenwood D. J., Lemaire G. Decline in percentage N of C_3 and C_4 crops with increasing plant mass[J]. *Annals of Botany*, 1990, 66(4): 425-436.

[106]　Guojing L., Benoit F., Ceustermans N. Influence of day and night temperature on the growth, development and yield of greenhouse sweet pepper[J].*Journal of Zhejiang University*, 2004, 30(5): 487-491.

[107]　Gutierrez Colomer R. P., Gonzalez-Real M. M., Baille A. Dry matter production and partitioning in rose (*Rosa hybrida*) flower shoots[J]. *Scientia Horticulturae*, 2006, 107: 284-291.

[108]　Hallik L., Kull O., Niinemets U., Aan A. Contrasting correlation networks between leaf structure, nitrogen and chlorophyll in herbaceous and woody canopies[J]. *Basic and Applied Ecology*, 2009, 10: 309-318.

[109]　Hawkins J. A., Sawyer J. E., Barker D. W.,et al. Using relative chlorophyll meter values to determine nitrogen application rates for corn [J]. *Agron J*. 2007, 99: 1034-1040.

[110]　Hayata Y., Tabe T., Satoru K., et al. The effects of water stress on the growth,sugar and nitrogen content of cherry tomato fruit[J]. *Journal of the Japanese Society for Horticultural Science*, 1998, 67: 459-766.

[111]　Heath R. L., PaRer L. Photo peroxidation in isolated chloroplasts: I. Kinetics and stoichiometry of fatty acid peroxidation[J]. *Arch. Biochem. Biophys*, 1968, 125: 189-198.

[112]　Heuvelink E. Tomato growth and yield: quantitative analysis and synthesis [D]. *The Netherlands: Wageningen Agriculture University*, 1996.

[113]　Huang J. L., He F., Cui K. H., et al. B. Determination of optimal nitrogen rate for rice genotypes using a chlorophyll meter[J]. *Field Crop*

Res. 2008, 105:70-80.

[114] Hunt H. W., Morgan J. A., Read J. J. Simulating growth and root: shoot partitioning in prairie grasses under elevated atmospheric CO_2 and water stress[J]. Ann. Bot., 1998, 81 (4): 489-501.

[115] Iannucci A., Russo M., Arena L., et al. Water deficit effects on osmotic adjustment and solute accumulation in leaves of annual clovers[J]. European Journal of Agronomy, 2002, 16: 111-122.

[116] Irmak A., Jones J. W. Use of crop simulation to evaluate anti-transpirant effects on tomato growth and yield[J]. ASAW, 2000, 43(5): 1281-1289.

[117] Jones J. W., Dayan E., Allen L., et al. A dynamic tomato growth and yield model (TOMGRO) [J]. Transactions of the American Society of Agricultural and Biological Engineers, 1991, 34(2): 663-672.

[118] Olesen J. E., Berntsen J. Crop nitrogen demand and canopy area expansion in winter wheat during vegetative growth[J]. European Journal of Agronomy, 2002, 16(4): 279-294.

[119] Justes E., Mary B., Meynard J. M. Determination of a critical nitrogen dilution curve for winter wheat crops[J]. Annals of Botany, 1994, 74 (4): 397-407.

[120] Kashyap P. S., Panda P. K. Evaluation of evapotranspiration estimation methods and development of crop coefficient for potato crop in a sub-humid region[J]. Agricultural Water Management, 2001, 50(1): 9-25.

[121] Khurana H. S., Phillips S. B., Singh B. J. Performance of site-specific nutrient management for irrigated, transplanted rice in northwest India [J]. Agron. J., 2007, 99: 1436-1447.

[122] Kiba T., Kudo T., Kojima M., et al. Hormonal control of nitrogen acquisition: roles of auxin, abscisic acid, and cytokinin[J]. Journal of Experimental Botany, 2011, 62(4): 1399-1409.

[123] Koch K. E. Carbohydrate-modulated gene expression in plants. Annual Reviews of Plant[J]. *Physiology and Plant Molecular Biology*, 1996, 47: 509-540.

[124] Krystyna E., Irena B. Influence of irrigation and nitrogen fertilization on quality of fresh and frozen broccoli[J]. *Vegetable crops research bulletin*, 1999, 50: 93-106.

[125] Kuisma R. Efficiency of split nitrogen fertilization with adjusted irrigation on potato[J]. *Agricultural and food science in Finland*, 2002, 11 (1): 59-74.

[127] Lemaire G., Gastal F. *Nitrogen uptake and distribution in plant canopies // Lemaire G. Diagnosis of the Nitrogen Status in Crops* [M]. Heidelberg: Springer-Verlag Publishers, 1997: 3-43.

[128] Lemaire G., Jeuffroy M. H., Gastal F. Diagnosis tool for plant and crop N status in vegetative stage: theory and practices for crop N management[J]. *European Journal of Agronomy*, 2008, 28(4): 614-624.

[129] Lemaire G., Salette J. Croissance estivale en matiere seche de peuplements de fetuque elevee (*Festuca arundinacea* Schreb) et de dactyle (*Dactylis glomerata* L.) danslouest de la France: I. Etude en conditions de nutrition azotee et dalimentation hydrique non limitantes[J]. *Agrono-mie*, 1987, 7(6): 373-380.

[130] Lemaire G., van Oosterom E., Sheehy J., et al. Is crop N demand more closely related to dry matter accumulation or leaf area expansion during vegetative growth[J]. *Field Crops Research*, 2007, 100(1): 91-106.

[131] Lin F. F., Qiu L. F., Deng J. S. Investigation of SPAD meter-based indicts for estimating rice nitrogen status[J]. *Computers and Electronics in Agriculture*. 2010, 71: 60-65.

[132] Liu Y., Teixeira J. L., Zhang H. J., et al. Model validation and crop coefficients for irrigation scheduling in the North China Plain[J]. *Agri-*

cultural Water Management, 1998, 36(3): 233-246.

[133] Lorene P., Marie H. J. Replacing the nitrogen nutrition index by the chlorophyll meter to assess wheat N status[J]. *Agron. Sustain*, 2007, 27:321-330.

[134] Ludlow M. M., Muchow R. C. A critical evaluation of traits for improving crop yields in water-limited environments[J]. *Advances in agronomy*, 1990, 43: 107-153.

[135] Magalhaes J. R., Wilcox G. E. Tomato growth and mineral composition as influenced by nitrogen form and light intensity[J]. *Journal of plant nutrition*, 1983, 6(10): 847-862.

[136] Marcelis L. F. M., Heuvelinkb E., Goudriaanc J. Modeling biomass production and yield of horticultural crop: a review [J]. *Sci. Hort.* 1998, 74(1): 83-111.

[137] Marcelisa L. F. M. Effects of sink demand on photosynthesis in cucumber[J]. *Exp. Bot.* 1991, 42 (244): 1387-1392.

[138] Marcelisa L. F. M. The dynamics of growth and dry matter distribution in cucumber[J]. *Ann. Bot*, 1992, 69(2): 487-492.

[140] Marcelisa L. F. M. Simulation of biomass allocation in greenhouse crops: a review[J].*Acta Horticulture*, 1993, 328(1): 49-67.

[141] Marcelisa L. F. M. A simulation model for dry matter partitioning in cucumber[J].*Annals of Botany*, 1994, 74(1): 43-52.

[142] Markwell J., Osterman J. C., Mitchell J. L. Calibration of the Minolta SPAD-502 leaf chlorophyll meter[J]. *Photosynth Res.*, 1995, 46: 467-472.

[143] Martins J. D., Rodrigues G. C., Paredes P., et al. Dual crop coefficients for maize in southern Brazil: model testing for sprinklers and drip irrigation and mulched systems [J]. *Biosystems Engineering*, 2013, 115: 291-310.

[144] Mayek-Perez N., Garcia-Espinosa R., Lopez-Castaneda C., et al. Water

relations, histopathology and growth of common bean (*Phaseolus vulgaris* L.) *during pathogenesis of Macrophomina phaseolin under drought stress* [J]. *Physiological and Molecular Plant Pathology*, 2002, 60: 185-195.

[145] Meynard J. M., David G. Diagnostic de lelaboration du rendement des cultures[J]. *Cahiers Agriculture*, 1992, 1(1): 9-19.

[146] Morgan J. M. Osmoregulation and water stress in higher plants[J].*Annual Review of Plant Physiology*, 1984, 35: 299-319.

[147] Nash J. E., Sutcliffe J. V. River flow forecasting through conceptual models, part I-A discussion of principles[J]. *Journal of Hydrology*, 1970, 10: 282-290.

[148] Paço T. A., Ferreira M. I., Rosa R. D., et al. The dual crop coefficient approach using a density actor to simulate the evapotranspiration of a peachor chard: SIMDualKc model versus eddy covariance measurements[J]. *Irrigation Science*, 2012, 30(2): 115-126.

[149] Paseual B., MarotoJ V., Sanbautista A. Influence of watering on the yield and cracking of cherry, fresh market and Processing tomatoes[J]. *The Journal of Horticultural Science & Biotechnology*, 2000, 75(2): 171-175.

[150] Patakas A., Nikolaou N., Zioziou E., et al. The role of organic solute and ion accumulation in osmotic adjustment in drought-stressed grapevines[J]. *Plant Science*, 2002, 163: 361-367.

[151] Patanè C., Cosentino S. L. Effects of soil water deficit on yield and quality of processing tomato under a mediterranean climate[J]. *Agricultural Water Management*, 2010, 97(1): 131-138.

[152] Patanè C., Tringali S.,Sortino O. Effects of deficit irrigation on biomass, yield, water productivity and fruit quality of processing tomato under semi-arid Mediterranean climate conditions[J]. *Scientia Horticulturae*, 2011, 129(4): 590-596.

[153] Peng S. B., Buresh R. J., Huang J. L., et al. Strategier for overcoming low agronomic nitrogen use efficiency in irrigated rice system in China [J]. *Field Crops Res.*, 2006, 96: 37-47.

[154] Peri P. L., Moot D. J., Mcneil D. L. A canopy photosynthesis model to predict the dry matter production of cocksfoot Pastures under varying temperature, nitrogen and water regimes[J]. *Grass and Forage Scienee*, 2003, 58: 416-430.

[155] Pernice R., Parisi M., Giordano I., et al. Antioxidants profile of small tomato fruits: effect of irrigation and industrial process[J]. *Scientia Horticulturae*, 2010, 126: 156-163.

[156] Priestley C. H. B., Taylor R. J. On the assessment of surface heat flux and evaporation using large-scale parameters[J]. *Monthly Weather Review*, 1972, 100(2): 81-92.

[157] Prost l., Jeuffroy M. H. Replacing the nitrogen nutrition index by the chlorophyll meter to assess wheat N status[J]. *Agronomy Sustainable Development*, 2007(27): 321-330.

[158] Qiu R. J., Du T. S., Kang S. Z., et al. Assessing the SIMDualKc model for estimating evapotranspiration of hot pepper grown in a solar greenhouse in Northwest China[J]. *Agricultural Systems*, 2015(138): 1-9.

[159] Reddy A. R., Chaitanya K. V., Vivekanandan M. Drought-induced responses of photosynthesis and antioxidant metabolism in higher plants [J]. *Journal of Plant Physiology*, 2004, 161: 1189-1202.

[160] Reynolds J. F., Chen J. L. Modeling whole-plant allocation in relation to carbon and nitrogen supply: coordination versus optimization[J]. *Plant and soil*, 1997, 185(1): 65-74.

[161] Rosa R. D., Paredes P., Rodrigues G. C., et al. Implementing the dual crop coefficient approach in interactive software: 1. Background and computational strategy[J]. *Agricultural Water Management*, 2012,

103：62-77.

[162] Shao H. B., Chu L. Y., Jalee C. A. l., et al. Water-deficit stress-induced anatomical changes in higher plants[J]. *Comptes Rendus Biologies*, 2008, 331：215-225.

[163] Shulaev V., Cortes D., Miller G., et al. Metabolomics for plant stress response[J]. *Physiologia Plantarum*, 2008, 132：199-208.

[164] Singh V., Singh Y., Singh B., et al. Calibrating the leaf colour chart for need based fertilizer nitrogen management in different maize (*Zea mays* L.) genotypes[J]. *Fields Crops Res.*, 2012, 120：276-282.

[165] Snyder R. L. Equation for evaporation pan to evapotranspiration conversions[J]. *J. Irrig. Drain. Eng.*, 1992, 118(6)：977-980.

[166] Thornley J. H. M. Modeling shoot：root relation：the only way forward? [J]. *Annals of Botany*, 1998, 81(2)：165-171.

[167] Turc O., Lecoeur J. Leaf primordium initiation and expanded leaf production are co-ordinated through similar response to air temperature in pea (*Pisum sativum* L.) [J].*Annals of Botany*, 1997, 80：265-273.

[168] Watt W. S., Clinton P. W., Whitehead D., et al. Aboveground biomass accumulation and nitrogen fixation of broom (*Cytisus scoparius* L) growing with juvenile pinus radiation a dryland site[J]. *Forest Ecology and Management*, 2003, 184：93-104.

[169] Woodson W. R., Boodley J. W. Petiole nitrogen concentration as an indicator of geranium nitrogen status[J]. *Communications in Soil Science & Plant Anlysis*, 1983, 14(5)：363-371.

[170] Wu F. B., Wu L. H., Xu F. H. Chlorophyll meter to predict nitrogen sidedress requirements for short-season cotton (*Gossypium hirsutum* L) [J]. *Field Crops Res.*, 1998, 56：309-314.

[171] Wu F. Z., Bao W. K., Li F. L., et al. Effects of drought stress and N supply on the growth, biomass partitioning and water use efficiency of *Sophora davidii* seedlings[J]. *Environ. Exp. Bot.*, 2008, 63(1/2/3)：

248-255.

[172] Zegbe J. A., Behboudian M. H., Clothier B. E. Response of tomato to partial rootzone drying and deficit irrigation[J]. *Revista Fitotecnia Mexicana*, 2007, 30(2): 125-131.

[173] Zhao W., Li J., Li Y., Yin J. Effects of drip system uniformity on yield and quality of Chinese cabbage heads[J]. *Agricultural Water Management*, 2012, 110: 118-128.

[174] Zheng J., Huang G., Jia D., et al. Responses of drip irrigated tomato (*Solanum lycopersicum* L.) yield, quality and water productivity to various soil matric potential thresholds in an arid region of Northwest China[J]. *Agricultural Water Management*, 2013, 129: 181-193.

[175] Zheng W., Paula P., Yu L., et al. Modelling transpiration, soil evaporation and yield prediction of soybean in North China Plain[J]. *Agricultural Water Management*, 2015, 147: 43-53.

[176] Ziadi N., Brassard M. G., Belanger G., et al. Critical nitrogen curve and nitrogen nutrition index for corn in eastern Canada[J]. *Agron. J.*, 2008, 100: 271-276.

后 记

本书是在我的导师蔡焕杰教授的精心指导下完成的,从选题、试验设计、试验准备到数据处理、书稿撰写和修改都凝聚了蔡焕杰老师大量的心血和汗水。蔡焕杰老师知识渊博、诲人不倦、对待科学持有严谨的态度和敏锐的思维,对待学生认真负责,他的精神一直鼓励着我、感染着我,也正是这种可贵的精神使我在学习上、生活上有了较大的进步,并会一直激励着我在今后的人生道路上继续奋发前进。在此,谨向尊敬的蔡老师致以衷心的感谢和美好的祝福!

感谢水建学院马孝义教授、何建强教授、胡笑涛教授和曹红霞副教授提出的宝贵意见和建议。正是他们的帮助使我的试验方案得到完善。同时,在试验过程中感谢李志军老师给予的大力支持。

感谢赵丽丽、杨佩、王子申、刘泉斌以及实验站管理员的热心帮助,在他们的大力支持下,试验才得以顺利完成。感谢我的父母、亲人以及朋友在物质上和精神上的支持与鼓励,使我有足够的信心顺利完成此书。

最后再次向学院领导以及帮助过我的老师、同学表示真挚的谢意!

石小虎

2018 年 6 月 6 日